普通高等教育"十一五"国家级规划教材

普通高等院校大学数学系列教材

微积分（上）
修订版

萧树铁　扈志明　编著

清华大学出版社
北京

内 容 简 介

全书分上、下两册. 上册包括函数、函数的极限、函数的导数、微分与不定积分、定积分、空间解析几何 6 章内容和一个附录. 附录包括初等代数中的几个问题、平面解析几何、集合与逻辑符号等内容. 书中每节都配有适量的习题, 每章配有部分具有一定难度的复习题, 书末对大部分题目都给出了答案或提示.

本书结构严谨、例题与插图丰富、叙述直观清晰、通俗易懂, 可供普通高等院校非数学专业的学生使用.

本书封面贴有清华大学出版社防伪标签, 无标签者不得销售.

版权所有, 侵权必究. 举报: 010-62782989, beiqinquan@tup.tsinghua.edu.cn。

图书在版编目(CIP)数据

微积分. 上/萧树铁, 扈志明编著. —修订版. —北京: 清华大学出版社, 2008.4
(2022.8 重印)

(普通高等院校大学数学系列教材)

ISBN 978-7-302-17209-3

Ⅰ. 微… Ⅱ. ①萧… ②扈… Ⅲ. 微积分－高等学校－教材 Ⅳ. O172

中国版本图书馆 CIP 数据核字(2008)第 034813 号

责任编辑: 佟丽霞　王海燕
责任校对: 刘玉霞
责任印制: 杨　艳

出版发行: 清华大学出版社
网　　址: http://www.tup.com.cn, http://www.wqbook.com
地　　址: 北京清华大学学研大厦 A 座　　邮　编: 100084
社 总 机: 010-83470000　　邮　购: 010-62786544
投稿与读者服务: 010-62776969, c-service@tup.tsinghua.edu.cn
质 量 反 馈: 010-62772015, zhiliang@tup.tsinghua.edu.cn

印 装 者: 北京建宏印刷有限公司
经　　销: 全国新华书店
开　　本: 170mm×230mm　　印　张: 12　　字　数: 212 千字
版　　次: 2008 年 4 月第 1 版　　印　次: 2022 年 8 月第 14 次印刷
定　　价: 35.00 元

产品编号: 029321-05

普通高等院校大学数学系列教材

编委会名单

主任 萧树铁

编委 王萼芳　龚光鲁　扈志明　计东海　张静

序

大学数学系列课程"微积分"、"线性代数"和"概率论与数理统计"是大学理工、管理等各专业的重要基础课程.随着我国经济的高速发展,高等教育的日益普及,需要培养出大批应用型工程技术人员.同重点大学相比,以培养应用型人才为主的普通高校在教学目标、教学内容、教学方式等方面都有很大的不同.而这类普通高校学生规模更大,但师资力量和教学条件却相对较弱.因此,编写高质量的面向此类高校的教材,对于促进教学改革,提高我国高等教育的教学质量,更具迫切性和非常重要的现实意义.

为此,我们组织清华大学、北京大学、哈尔滨理工大学、北京联合大学等高校的老师,编写了这套面向普通高校的"普通高等院校大学数学系列教材",包括《微积分》、《线性代数》、《概率论与数理统计》及与每门课程主教材配套的教师用书(习题详细解答)、电子教案和学习指导.本套教材的作者均长期从事大学数学的教学工作,学术水平高,教学经验丰富,并编写出版过相关的教材,对大学数学系列课程的教学内容和课程体系改革有深入的研究.同时,来自于普通高校教师的参与使本套教材更有针对性,更符合当前这类高校培养目标的要求和基础数学教学的实际情况.

本套教材编写的主要原则是:强调各门课程整体的理念、基本方法和适当的应用.由于这三门课都属于基础课程,所以对其内容的改革应当慎重.这套教材内容涵盖了教育部发布的"工科类本科数学基础课程教学基本要求".在取材方面,不是简单地对内容进行增删,而是在努力深入的基础上尽量做到"浅出".

本套教材的全部讲授时间大约为 250 学时,其中微积分

140学时、线性代数50学时、概率论与数理统计60学时.教师还可以根据本校的实际情况对课时作一定的增减,重要的是每门课都应配置适当学时(例如,总学时的1/3左右)的习题课.

  清华大学出版社对本套教材的编写和出版给予了各方面的支持,佟丽霞编辑为本书做了大量的组织和文字工作.

  尽管作者都有良好的愿望和多年的教学经验,但由于这一工作的难度较大,时间又比较仓促,各方面的问题肯定不少.欢迎广大师生和各方人士提出宝贵意见,以便进一步修改.

萧树铁

2006年4月

前言

本书自 2006 年出版以来已连续印刷了 4 次. 同时收到不少的意见和建议.

最近在北京、南京、广州等地召开的有关普通高等院校微积分教学的研讨会上, 也围绕这本教材进行了讨论. 在此基础上, 我们对第一版进行了修订.

在本书第一版的"前言"中, 我们提到了有关本书内容安排的原则. 在教学中如何具体地体现这些原则, 当然有赖于使用本教材的广大师生的创造. 乘本书修订之机, 这里再多说几句.

微积分这门课程, 是一般大专院校绝大多数学生的必修课. 对其中一部分学生来说, 也许是他们大学阶段惟一的一门数学课. 而在当今时代, 数学修养已经是衡量一个人潜在能力的重要标志. 因此我们的重点应该是在这门课的教学中, 力求使学者通过清晰的直觉和必要的推理, 比较全面地、形象地理解这门课的基本内容, 而不只是孤立地、表面地、形式地背诵一些结论.

本书的对象是普通高等院校的学生. 在现行的教育体制下, 他们的入学分数一般是中等, 入学后数学课的学时偏少. 因而需要把数学教学的内容作适当的精简. 但在精简中必须注意不能削弱对学生"清晰的直觉和必要的推理"这方面的训练; 也不能把理应启发、引导学生思维的教材变成只剩下一堆彼此不相干的定理、公式和"题型"的堆砌.

为了落实这种理念, 在本版中, 我们进一步强调了基本内容之间的联系, 即弄清新知识和原有知识之间的逻辑关系以及新知识彼此间的联系. 前者如初等数学和微积分之间的异同(不同之处在于有理数中的有限运算和实数中的无穷运算,而其中很多运算规则又是相同的),一元微积分和二元微积分之间的异同;后者如可导与可微,导数与积分(都是利用无穷小化不均匀为均匀,但一个是无穷小之商,另一个是无穷小的无穷和),以及各种积分(一维定积分,二维曲线积分,二重积分等)的牛顿-莱布尼茨公式等.此外,本书还尽可能从多种角度来阐明一些基本概念和方法,例如求定积分时不同微元的选取,求多元函数极值中必要条件的引出等.希望这些安排能有助于学者对微积分的全面理解.

  清晰的直觉除了有助于得到真正的知识以外,也是记住这些知识的重要方法.微积分是一门以极限为主要工具,以函数的各种性质为主要研究对象的基础课.应该尽可能使学者学完后,在头脑中留下一些比较鲜明的形象.所以本书增加了一些曲线和曲面的图形,把一些通过推理所得的函数的重要性质体现于典型的图像之中(诸如曲线的升降、对称、凹凸、弯曲、连续、光滑、微分和积分中值公式等).对一些一般书中往往只给出定义的梯度、散度和旋度这些重要的概念,本书也说明了它们的几何与物理意义.

  为了便于读者自学,在本版中,还增加了一批比较简明的例题和习题.在内容方面,增加了一节"广义积分".

  对于对本书提出意见的读者,编者在此表示诚挚的谢意,并希望更多的读者对本书提出批评和建议.

编 者

2007 年 12 月

第一版前言

本书是为普通高等院校非数学专业的学生编写的.考虑到这类院校学生的特点,这本教材从内容上作了一些改动.由于微积分这门课程已有近 300 年的历史,经过长时期的锤炼,对内容作重大精简的空间已经很小了.故所作的改动主要是相对当前流行的教材而言的.

时下国内流行的教材基本上是在 20 世纪 50 年代前苏联各类"高等数学"教材的基础上加工精练而成的,其内容大致都包括两部分:微积分及数学分析,前者已被历史证明是一个强有力的工具,后者主要为前者奠定一个坚实的理论基础,其自身已发展为数学的一个强大的分支.在一般情况下,它们各有其重要性,但从教学的角度来看,作为教学内容,对不同的学习者,二者之间的分寸的确不易把握.

笛卡儿曾经说过,只有两种方法使人们得到真正的知识:清晰的直觉和必要的推理.这句话对微积分的教学很有现实意义.直觉必须尽可能"清晰",这是对微积分教材的基本要求,尽管做到这一点的难度很大;而推理则应根据不同的对象确定其"必要"的程度.总的来说,应该在教学内容的安排上,尽可能使学者都能体会到这两者的作用.通过学习,能把微积分看成一个整体.所谓必要的推理,就是根据它们在整体中所处的地位给它一个合适的安排,而不是使学生只知道一些名词、一些彼此孤立的定理及其证明.

本书力图按此原则来安排内容.首先,对本书的核心内容——微分和积分基本上使其"返璞归真".例如,为了描述不均匀(非线性)变化和不规则几何图形的某些性质,引入无穷小量及线性逼近的概念(微分)是很直观很自然的,但它的合理性则需要大量的推理,这就是极限理论.本书强调了前者,而对极限理论只作了我们认为是起码必要的推理. 同样,在积分部分我们没有从黎曼-达布和出发而直接从微分的反运算入手引入了定积分并推出了牛顿-莱布尼茨公式,这样不仅节省了课时,而且突出了微积分的统一性,突出了微积分应用的有力工具——微元法.

对于微积分早期描述函数性态的一些直观性较强的命题,本书尽可能加以证明,以完成一个从直观到理性的认识过程,例如罗尔定理,微分和积分的中值定理,微积分基本定理,等等;有一些属于数学分析范畴的命题则只给出直观的描述而不加证明,例如闭区间上连续函数的某些性质等;还有少数直观性不强,但很有用的内容,例如洛必达法则,也给出了必要的推理说明. 此外,在进行推理前,应说明这种推理的必要性,例如极限的惟一性,泰勒公式等.

人们得到的知识还必须在使用中得到巩固和深化,尤其是像微积分这种基础性的知识,因此计算和应用应该是不可缺少的内容. 除了较多的例题之外,本书还附有大量的习题,这就需要有相应的习题课加以配合. 近年来基本上取消习题课的消极后果已经有所体现,应当很好总结一下.

书中带 * 号的小字部分是供学生阅读的,不必在课堂上讲授.

编写本书的目的,只是试图为普通高等院校的学生提供一本比较合适的教材. 由于我们自己在这方面的经验也很缺乏,因此特别需要广大师生的批评帮助,以期能不断改进.

编 者

2006 年 1 月

目 录

第1章 函数 1

1.1 函数的概念与图形 4
- 1.1.1 函数的概念 4
- 1.1.2 函数的图形 7
- 1.1.3 分段函数 10
- 习题 1.1 13

1.2 三角函数、指数函数、对数函数 13
- 1.2.1 三角函数 13
- 1.2.2 指数函数 16
- 1.2.3 反函数 18
- 1.2.4 对数函数 20

1.3 函数运算 21
- 1.3.1 函数的四则运算 21
- 1.3.2 复合函数 22
- 1.3.3 函数图形的运算——平移 23
- 习题 1.3 25

1.4 函数的参数表示和极坐标表示 27
- 1.4.1 函数的参数表示 27
- 1.4.2 函数的极坐标表示 28

复习题 1 31

第2章 函数的极限 33

2.1 函数在一点附近的性态、无穷小量 33
- 2.1.1 无穷小量 33
- 2.1.2 无穷小量的运算和无穷小的阶 35

    习题 2.1 …………………………………………………………… 36
  2.2 函数在一点的极限及在一点的连续性 …………………………… 37
    2.2.1 函数在一点的极限 ……………………………………… 37
    2.2.2 函数极限的运算、函数在一点的连续性 ……………… 40
    2.2.3 连续函数的性质 ………………………………………… 42
    习题 2.2 …………………………………………………………… 45
  复习题 2 ………………………………………………………………… 47

第 3 章　函数的导数 …………………………………………………… 48

  3.1 导数的概念 …………………………………………………………… 48
    3.1.1 正比关系 ………………………………………………… 48
    3.1.2 函数在一点的导数 ……………………………………… 50
    习题 3.1 …………………………………………………………… 52
  3.2 导数的运算 …………………………………………………………… 52
    习题 3.2 …………………………………………………………… 56
  3.3 导函数与函数的高阶导数 …………………………………………… 58
    习题 3.3 …………………………………………………………… 60
  3.4 导数的应用 …………………………………………………………… 61
    3.4.1 函数的图形 ……………………………………………… 61
    3.4.2 函数的极值和最值 ……………………………………… 65
    3.4.3 函数不定式的极限 ……………………………………… 69
    习题 3.4 …………………………………………………………… 73
  复习题 3 ………………………………………………………………… 75

第 4 章　微分与不定积分 ……………………………………………… 77

  4.1 微分的概念 …………………………………………………………… 77
  4.2 微分的运算 …………………………………………………………… 80
    习题 4.2 …………………………………………………………… 83
  4.3 高阶微分和泰勒公式 ………………………………………………… 84
    4.3.1 函数在一点附近的泰勒展开式 ………………………… 84
    4.3.2 微分中值定理 …………………………………………… 87
    习题 4.3 …………………………………………………………… 89

4.4 不定积分 …………………………………………………… 90
　　4.4.1 函数求导数的逆运算——不定积分 …………… 90
　　4.4.2 不定积分的性质 …………………………………… 91
　　4.4.3 求不定积分举例 …………………………………… 92
　　习题 4.4 ……………………………………………………… 97
复习题 4 ……………………………………………………………… 100

第 5 章　定积分 …………………………………………………… 101

5.1 定积分的定义 …………………………………………………… 101
5.2 定积分的性质 …………………………………………………… 105
　　习题 5.2 ……………………………………………………… 106
5.3 定积分的计算 …………………………………………………… 107
　　习题 5.3 ……………………………………………………… 110
5.4 定积分的应用 …………………………………………………… 111
　　5.4.1 极坐标表示下求曲线所围的面积 ……………… 111
　　5.4.2 平面曲线的弧长及在一点的曲率 ……………… 112
　　5.4.3 旋转曲面所围的体积和面积 …………………… 116
　　5.4.4 平面图形的重心 ………………………………… 118
　　5.4.5 变化的力所做的功 ……………………………… 119
　　习题 5.4 ……………………………………………………… 120
复习题 5 ……………………………………………………………… 122

第 6 章　空间解析几何 …………………………………………… 124

6.1 三维空间的直角坐标 …………………………………………… 124
　　习题 6.1 ……………………………………………………… 125
6.2 两点间的距离和方向 …………………………………………… 126
　　习题 6.2 ……………………………………………………… 127
6.3 向量代数 ………………………………………………………… 127
　　6.3.1 向量的加法与数乘向量 ………………………… 128
　　6.3.2 向量的坐标 ……………………………………… 130
　　6.3.3 向量的内积运算 ………………………………… 130
　　6.3.4 向量的外积和混合积运算 ……………………… 132

习题 6.3 ·················· 135
6.4 平面和空间直线方程 ·················· 136
　　6.4.1 平面方程 ·················· 136
　　6.4.2 空间直线方程 ·················· 137
　　习题 6.4 ·················· 139
6.5 二次曲面 ·················· 140
　　习题 6.5 ·················· 143
复习题 6 ·················· 143

附录 A ·················· 145

A.1 初等代数中的几个问题 ·················· 145
　　A.1.1 一元二次方程 ·················· 145
　　A.1.2 代数不等式 ·················· 147
　　A.1.3 复数 ·················· 148
　　A.1.4 数列 ·················· 150
　　A.1.5 二项式定理 ·················· 151
A.2 平面解析几何 ·················· 152
　　A.2.1 平面直线 ·················· 152
　　A.2.2 简单二次曲线 ·················· 153
A.3 集合与逻辑符号 ·················· 156
　　A.3.1 集合 ·················· 156
　　A.3.2 一些逻辑符号 ·················· 157

习题答案 ·················· 159

函 数

第 1 章

在中学数学中,我们所学的内容基本上是一些确定性的、有限步骤的、有理数的四则运算及其反运算(解方程);还有与此相关推理的逻辑合理性.在大学的基础数学课(微积分、线性代数、随机数学)中,我们将要学习的主要思想是:有关无穷的运算、数学结构的研究和随机性的研究.其中微积分的主要内容是无穷变动的量的研究.

首先从我们研究的基本量——数开始.我们知道,如果 p,q 是两个正整数,那么分数 $\dfrac{p}{q}$ 就表示一个有理数.任何分数都可以在十进制中表示为有限小数或无穷循环小数,例如 $\dfrac{1}{4}=0.25$,$\dfrac{1}{3}=0.333\cdots$.反过来,任何有限或无穷循环小数也都可以表示为分数,例如,$1.234=\dfrac{1234}{1000}$,$0.1616\cdots=\dfrac{16}{99}$.由于有理数就是分数,所以任何有理数一定可以表示为有限或无穷循环小数.

* 有限小数可以看成是无限循环小数的一种特例.例如:
$0.123=0.122999\cdots=\dfrac{123}{1000}$.

在初等数学中,我们已经熟知正负有理数和 0 之间的有限次四则运算.现在就面临两个问题:一个是有理数是否足以表示任何量?另一个问题是有理数经过无限(无穷)次的四则运算,所得的结果是否仍是有理数?为此看下面三个例子.

例 1.1 $\sqrt{2}$ 不是有理数.

解 现在来看一个特定的量 x,它代表边长为 1 的正方形的对角线长度.根据勾股定理,表示这个量的数 x 满足方程

$x^2 = 1^2 + 1^2 = 2$，所以 $x = \sqrt{2}$（长度总是正数）. 下面我们来证明 x 不是一个有理数. 也就是要证明以下的命题：

"对任意两个除了 1 以外没有公因数的正整数 p, q，都有 $x \neq \dfrac{p}{q}$".

我们利用反证法来证明. 也就是要证明下列命题：

"如果有正整数 p, q 满足 $x = \dfrac{p}{q}$，则 p, q 必有 1 以外的公因数".

证明如下：

设存在正整数 p, q 满足 $x = \dfrac{p}{q}$，即 $x^2 = \dfrac{p^2}{q^2} = 2$. 于是 $p^2 = 2q^2$，即 p^2 是一个偶数，从而 p 本身也是一个偶数，记为 $2r$. 这样就有 $4r^2 = 2q^2$，或 $q^2 = 2r^2$；这说明 q^2 是一个偶数，从而 q 也是一个偶数. 这样，p, q 都是偶数，它们就以 2 为公因数. 证完.

由此可见，$x = \sqrt{2}$ 不是一个有限或无限（无穷）循环小数，它只能是一个无限（无穷）非循环小数. 即它可以表示为 $a_0. a_1 a_2 \cdots a_n \cdots$，其中对任意一个 $n(n \neq 0)$，a_n 都可以确定为 $0, 1, 2, \cdots, 9$ 中的某一个数.

* 一个无限非循环小数都可以看成是无穷多个有理数之和，例如

$$a_0. a_1 a_2 \cdots a_n \cdots = a_0 + \dfrac{a_1}{10} + \dfrac{a_2}{100} + \cdots + \dfrac{a_n}{10^n} + \cdots.$$

一个无限非循环小数叫做**无理数**，我们常见的如 $\sqrt{3}, \sqrt{5} + 1, \pi$ 等都是无理数. 有理数和无理数一起，总称为**实数**.

有很多方法可以计算 $x = \sqrt{2}$. 当然，用任何方法算出来的必然是一个无限非循环小数. 通常我们取它的小数点后 n 位数（是一个有理数）来近似地表示，并称为 x 的有理近似值. 例如取 $n = 4$，x 的有理近似值就是 1.4142，取 $n = 8$，这个有理近似值就是 $x = 1.41421356$. 小数点后面的位数取得越多就越精确. 我们虽然不知道 x 确切的值，但利用 $x^2 = 2$，可以看出有理近似值的精确程度. 例如 $1.4142^2 = 1.9999$，$1.41421356^2 = 1.99999999$，后者与 2 之差不超过 10^{-8}. 理论上说，如果取 $\sqrt{2}$ 小数点后 n 位数 $1. a_1 a_2 \cdots a_n$ 作为它的近似值，只要取 n 充分大，那么这二者之差的绝对值可以要多小就有多小. 这种现象通常用下面的术语来概括："当 n 趋于无穷（无限增大）时，有限小数（有理数）$1. a_1 a_2 \cdots a_n$ 以实数 $\sqrt{2}$ 为其极限". 后面我们将讨论这句话的确切含义.

有理数之间的四则运算是我们熟知的，而实数之间的四则运算就以它们的有理近似值来进行.

微积分以研究实数的四则运算为基础,并在此基础上着重研究函数的运算.

例 1.2(刘徽的割圆术) 我们知道,半径为 1 的圆(单位圆)的面积是 $\pi = 3.141592\cdots$,已经证明它是一个无理数.早在公元 3 世纪的魏晋时代,刘徽就对它给出了一个算法,称为"割圆术".他的想法是用圆内接正多边形来近似地表示单位圆的面积,用现代初等数学的语言介绍如下.

如图 1.1,从单位圆的内接正 6 边形开始,接着对正 12 边形,正 24 边形,$\cdots$,正 3×2^n 边形求其面积.

图 1.1

从图上可以看出,正 3×2^n 边形的面积是

$$A_n = 3 \times 2^n \cdot \frac{1}{2}\sin\frac{2\pi}{3 \times 2^n} = \frac{\pi \sin\frac{2\pi}{3 \times 2^n}}{\frac{2\pi}{3 \times 2^n}}$$

$$= \frac{\pi \sin x_n}{x_n},$$

其中 $x_n = \frac{2\pi}{3 \times 2^n}$,仿照例 1.1 的说法,当 n 无限增大时它以 0 为极限.在本书的后面可以看到:当 n 无限增大时,x_n 趋于 0,而 $\frac{\sin x_n}{x_n}$ 则趋于 1,所以 A_n 以 π 为极限.

这又是一个牵涉到无穷运算的问题.按刘徽的说法是:"割之弥细(n 取得越大),失之弥少(圆面积与内接正 n 边形面积之差越小).割之又割(n 不断增大),以至于不可割(理论上这点办不到):则与圆合体,而无所失矣".

例 1.3(芝诺的悖论) "一个人想从一点 A 沿直线走到 B 是永远不可能的."

芝诺争辩说:无妨假定 A,B 之间的距离为 1.一个人从 A 出发,在到达 B 以前,一定先要经过 A,B 之间的中点,也就是先要走完 $\frac{1}{2}$ 的距离;然后从此中点出发再往 B 点走;而在到达 B 以前,又必须先经过这一半路程的中点,也就是再要先走完 $\frac{1}{2} \times \frac{1}{2} = \frac{1}{4}$ 的距离;然后再往前走,又必须先走完 $\frac{1}{4} \times \frac{1}{2} = \frac{1}{8}$ 的距离.依此类推,此人在到达 B 点之前,必须先走完 $\frac{1}{2} + \frac{1}{4} + \frac{1}{8} + \frac{1}{16} + \cdots$ 这么多距离.注意:这是一个无穷的步骤.人生有限,所以终其一生,此人永远到不了 B 点.

* 这是古希腊哲学家芝诺(Zeno)所提的有名的悖论. 在中国古代的《庄子—天下篇》中也有"一尺之捶,日取其半,万世不竭"的类似记载.

在现实中当然不会出现这种情况,但这种论点在逻辑上也说得通. 问题就出在"无穷"这个概念上:"无穷多个有理数之和"是什么意思？如果把无穷多个有理数 $\frac{1}{2}$ 加起来,结果是什么？又如果把无穷多个数 $\frac{1}{2}, \frac{1}{4}, \frac{1}{8}, \cdots$ 加起来,结果又会是什么？

要回答这个问题,还得从"有限"多个有理数之和入手. 在第一种情况下,n 个 $\frac{1}{2}$ 加起来之和是 $\frac{n}{2}$,而在第二种情况下,n 个数 $\frac{1}{2}, \frac{1}{4}, \cdots, \frac{1}{2^n}$ 之和(这是一个等比数列,公比为 $\frac{1}{2}$)就是 $\frac{1}{2}\left(1+\frac{1}{2}+\frac{1}{4}+\cdots+\frac{1}{2^{n-1}}\right) = \frac{1}{2}\left(\frac{1-\frac{1}{2^n}}{1-\frac{1}{2}}\right) = 1-\frac{1}{2^n}.$

第一种情况的和 $\frac{n}{2}$ 当 n 增大时也增大,而且它可以任意地大,只要 n 足够大. 而后一种情况的和数当 n 增大时虽然也增大,但它不能任意地大,因为不论 n 有多大,这个和数永远不会超过 1,而且 n 越大,这个有限和数与有限数 1 之差越小. 或者说,这二者之差的绝对值可以"要多小就有多小",只要取 n 足够大. 按例 1.1 中的说法,当这个有限和的项数 n 无穷增长时,有限和的极限是 1. 也就是说,在芝诺的悖论中,在任意给定的精确度范围内,此人所走过的距离不过是 1. 所以如果他以无论多小的常速度 v 来走,他总可以在所要求的精度范围内走完全程.

这三个例子都牵涉到无穷(无限)的运算. 其对象都是有两组变动着的数,第二组数由第一组数确定(例如例 1.2 中的正多边形的边长和多边形的面积；例 1.3 中所走的次数和每次所走的距离),而要求的都是当第一组数按某种规律无穷变动时,第二组数变动的规律. 这里所说的"对象"和"规律"就是微积分研究的两个基本内容:函数和极限.

1.1 函数的概念与图形

1.1.1 函数的概念

在中学课本中,经常出现各种"公式",它们是一种表示某些数量之间关系的数学式子. 例如在运动学的等速直线运动(速度为常数 v)中,质点所走的距

离 s 与所用时间 t 之间的关系是 $s=vt$. 又如在一个两端存在电压差 E 的电路中, 电流 I 和 E 的关系是 $E=RI$, 其中常数 R 表示电阻. 此外还有作自由落体的物体所走的距离 s 与所用时间 t 之间的关系 $s=\frac{1}{2}gt^2$, 其中常数 g 是重力加速度. 两个质量分别为 $1,m$, 距离为 r 的质点之间的引力为 $F=\frac{Gm}{r^2}$ (G 是引力常数)等. 在这些"公式"中, 只要给时间 t, 电流 I, 距离 r 一个确定的值(实数), 就可以惟一地确定与它相应的值(也是实数) s,E,F. 通常我们把可以任意取的量(例如 t,I,r)叫做自变量, 而把因此而确定的量(例如 s,I,F)叫做因变量或函数值. 但要注意: 虽然说自变量可以"任意"取值, 但它们还是有自己的范围的, 例如上述的自变量 t,I,r 等一般不取负值.

上面所提到的一些"公式"不过是确定函数值 y 和自变量 x 之间关系的一种规则. 反过来, 如果知道两组变量之间对应关系的规则, 我们就说它们之间有**函数关系**. 尽管这种规则不一定能用数学公式来表示.

定义 1.1 设 D 是一个非空实数集(记为 $D\subset\mathbb{R}$), f 是定义在 D 上的一个对应关系, 如果对于任意的实数 $x\in D$, 都有惟一的实数 $y\in\mathbb{R}$ 通过 f 与之对应, 则称 f 是定义在 D 上的一个函数. 记作
$$y=f(x),\quad x\in D,$$
其中 x 称为**自变量**, y 称为**因变量**. 自变量的取值范围 D 称为函数 f 的**定义域**, 所有函数值 $f(x)$ 构成的集合 $\{y\mid y=f(x), x\in D\}$ 称为函数 f 的**值域**.

从这个定义可以看出, 构成一个函数有两个要素: 函数的定义域和由自变量决定因变量的对应规则, 而这种对应规则并不只限于用数学"公式"来表达.

* 现代意义上的函数概念是由德国人狄利克雷(Dirichlet)给出的. 而函数记号 $y=f(x), x\in D$ 则是由瑞士人欧拉(Euler)首先使用的.

函数的自变量又称为"元". 自变量的个数可以不止一个, 只有一个自变量的函数称为一元函数, 具有多个自变量的函数称为多元函数. 多元函数是多个实数和一个实数之间的对应关系. 例如在自由落体的例子中, 如果考虑到不同的高度, 则时间 t 和重力加速度 g 都在变化, 因此函数 $s=\frac{1}{2}gt^2$ 是两个自变量 g,t 的二元函数.

* 一般来说, 可以研究 $m+n$ 个变量的情形, 其中 m 个变量依赖另外 n 个变量的变化, 而后面 n 个变量中彼此没有依赖关系. 这种函数称为 n 元向量(m 维向量)值函数; 它包括 m 个 n 元函数 $y_1=f_1(x_1,x_2,\cdots,x_n), y_2=f_2(x_1,$

$x_2,\cdots,x_n),\cdots,y_m=f_m(x_1,x_2,\cdots,x_n)$.

对于一元函数,它的定义域通常是一个有限或无穷的区间. 例如开区间 $(-1,0),(0,+\infty)$;闭区间$[0,5],[-5,1]$;半开半闭区间$(-\infty,0]$等.

下面再举一些函数的例子.

例1.4 求圆的面积 S 和周长 l 作为其半径 r 的函数的定义域和值域.

解 由于圆最小可以收缩成一个点,所以半径最小可以为零. 从而函数 $S=\pi r^2$ 以及 $l=2\pi r$ 的定义域和值域都是半无穷区间$[0,+\infty)$.

例1.5 某室内从清晨 6 时到下午 17 时之间每过 1 h 的室内温度 T(单位:℃)记录如表 1.1.

表 1.1

t	6	7	8	9	10	11	12	13	14	15	16	17
T	16.5	16.6	17.0	17.7	18.2	18.9	20.0	21.1	22.5	24.8	25.2	25.0

以 t 表示时间,这个表就代表一个函数 $T=f(t)$,它的定义域是正整数集的一个子集 $D=\{6,7,\cdots,16,17\}$.

例1.6 某企业对其产品增加销售的投入量 x(万元)与销售收入增加量 y(万元)之间的关系可用图1.2中的曲线表示(收益曲线). 这条曲线就表示一个函数 $y=f(x)$.

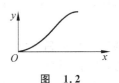

图 1.2

例1.7 平面上圆心在原点 $(0,0)$,半径为 1 的圆周上每一点 (x,y) 都满足方程 $x^2+y^2=1$. 这是一个方程式,它确定了两个变量 x 和 y 之间的关系. 如果认定 x 为自变量,则 y 在 $y\geqslant 0$ 和 $y\leqslant 0$ 分别表示两个 x 的函数;反之也可以认为 x 是 y 的函数. 像这类由方程定义的函数称为**隐函数**,而把此前因变量由自变量惟一明确确定的函数形式称为**显函数**. 通过认定因变量来解方程,就可以把隐函数解出来而得到显函数. 例如在圆的方程中,认定 y 为因变量,则可解出两个显函数 $y=\pm\sqrt{1-x^2}$,它们的定义域都是$[-1,1]$.

例1.8 求函数 $y=x^2,y=\dfrac{1}{x},y=\sqrt{x},y=\sqrt{1-x},y=\sqrt{1-x^2}$ 的定义域和值域.

解 函数 $y=x^2$ 的定义域和值域分别是$(-\infty,+\infty)$和$[0,+\infty)$;

函数 $y=\dfrac{1}{x}$ 的定义域和值域分别是$(-\infty,0)\cup(0,+\infty)$和$(-\infty,0)\cup$

$(0,+\infty)$;

函数 $y=\sqrt{x}$ 的定义域和值域分别是 $[0,+\infty)$ 和 $[0,+\infty)$;

函数 $y=\sqrt{1-x}$ 的定义域和值域分别是 $(-\infty,1]$ 和 $[0,+\infty)$;

函数 $y=\sqrt{1-x^2}$ 的定义域和值域分别是 $[-1,1]$ 和 $[0,1]$.

例 1.9 求狄利克雷函数

$$D(x) = \begin{cases} 1, & x \text{ 是有理数}, \\ 0, & x \text{ 是无理数} \end{cases}$$

的定义域与值域.

解 定义域是 $(-\infty,+\infty)$,值域是两个数的集合 $\{0,1\}$.

一般来说,求函数定义域的原则是,当自变量具有实际背景时,其实际变化范围就是函数的定义域,如当自变量表示的是长度、时间、绝对温度时,其值都是非负的,像圆的面积函数和周长函数的定义域就是这种情况;当自变量没有什么具体的实际意义时,函数的定义域就是使函数表达式中的运算都有意义的那些数的集合,这时又称函数的定义域为**自然定义域**.

1.1.2 函数的图形

由上面的一些例子可以看出:表示函数的方法有多种.除了用数学式子(人们常称之为**解析表示法**)以外,还可用表格、图形等方法,其中最常用的是解析表示法.利用图形表示也是常用的.事实上,在现代的函数概念出现之前,人们是将函数等同于解析表达式及其图形的,图形即 xOy 平面上的点集 $\{(x,y) \mid y=f(x), x \in D\}$. 图 1.3~图 1.12 是一些常见的幂函数的图形.

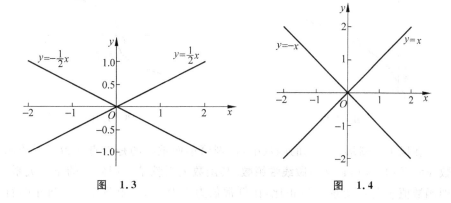

图 1.3   图 1.4

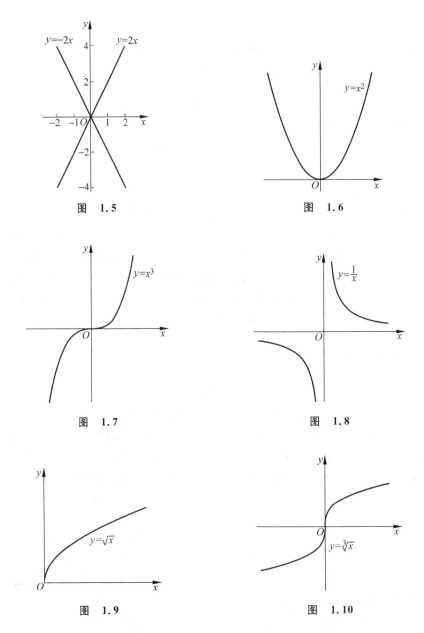

图 1.5　　　　　　　　　图 1.6

图 1.7　　　　　　　　　图 1.8

图 1.9　　　　　　　　　图 1.10

在以上的图形所表示的函数中,特别简单而重要的是以直线为图形的函数 $y=f(x)=kx$,它又叫做**线性函数**.其函数关系就是我们熟知的正比关系,即函数值 y 与自变量 x 成正比,比例常数为 k.例如,一辆汽车平均每小时行驶 40km,3 小时就行驶 120km,这里 x 是小时数,y 是公里数,而 k 就是一个

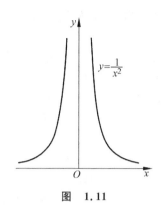
图 1.11

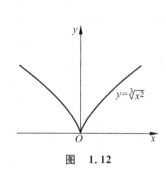
图 1.12

表示平均速率的比例常数. 一般来说, 当人们对函数关系不太清楚, 只从经验上感到自变量和因变量的变化趋势相同, 即二者同时变大或同时变小. 在这种情况下, 往往容易假设它们之间的函数关系是正比关系. 当然, 如果没有更充分的理由, 这种假设往往是错误的(例如古希腊人认为作用于质点上力的大小与质点的速度成正比). 但奇怪的是, 如果把这种变化关系限制在一个很小的范围内, 再加上一点条件, 就可以把它们看成是一种近似的线性(或正比)关系. 这是本书将要讨论的一个重要问题.

从这些简单的函数图形能得到函数本身的一些信息: 不难看出, 图 1.6 所表示的二次函数不可能取负值, 它有最小值 0(当 $x=0$ 时), 它关于 y 轴对称, 即 $f(-x)=f(x)$; 当 $x<0$ 时, x 的增加导致 y 减少, 直到 x 增加到 0 时 y 减少到 0, 反过来, x 的减少导致 y 增加; 对于 $x>0$ 的情形可进行类似的讨论. 从图 1.7 看, 三次函数可以取任何值, 但没有最大值也没有最小值; 在整个定义域中, y 随着 x 的增大而增大, 而且它关于原点对称, 即 $f(-x)=-f(x)$. 图 1.8 表示的是反比函数, 它也关于原点对称, 但在 $x=0$ 没有定义; 在定义域的两个部分 $x<0, x>0, y$ 的值分别都随 x 值的增大而减少; 与前面几个函数不同的是, 当 x 沿正方向无限制地增加时, 对应的 y 值将无限制地减少而接近于 0.

对其他几个函数的图形也可以进行类似的简单分析. 注意图 1.12 有一个与其余函数图形不同的特点: 它在 $x=0$ 处有一个"尖点".

为了便于描述上面提到的一些现象, 下面引进几个名词.

定义 1.2 对于函数 $f(x)$, 如果存在两个实数 m 和 M, 使对 $f(x)$ 定义域中所有的 x, 不等式
$$m \leqslant f(x) \leqslant M$$
成立, 则称 $f(x)$ 是**有界函数**, m 叫做 $f(x)$ 的**下界**, M 叫做 $f(x)$ 的**上界**.

如果 m, M 中只有一个存在，则称 $f(x)$ 是**半有界的**；如果 m, M 都不存在，则称 $f(x)$ 是一个**无界函数**.

在前面所列的函数图形中，图 1.6，图 1.9，图 1.11，图 1.12 是半有界函数（都是有下界而无上界），其他都是无界函数. 狄利克雷函数是一个有界函数.

定义 1.3 设函数 $f(x)$ 在区间 D 上有定义，若对于任意的 $x_1 < x_2$ 且 $x_1, x_2 \in D$，都有 $f(x_1) < f(x_2)$ 成立，则称函数 $f(x)$ 在 D 上**严格单调增加**. 这时也称 $f(x)$ 是 D 上的**严格单调增加函数**，D 又称为函数 $f(x)$ 的**严格单调增加区间**. 若对于任意的 $x_1 < x_2$ 且 $x_1, x_2 \in D$，都有 $f(x_1) \leqslant f(x_2)$ 成立，则称函数 $f(x)$ 在 D 上**单调增加**，D 也称为函数 $f(x)$ 的**单调增加区间**.

类似地可以定义**严格单调减少函数**和**单调减少区间**. 根据定义，函数 $y = x^3$ 在 $(-\infty, +\infty)$ 上是严格单调增加函数，函数 $y = x^2$ 在 $(-\infty, 0)$ 上严格单调减少，在 $(0, +\infty)$ 上严格单调增加.

从幂函数的图形中，还可以发现函数的另外一个性质，这就是函数 $y = x^2, y = \dfrac{1}{x^2}, y = \sqrt[3]{x^2}$ 的图形关于 y 轴对称，而函数 $y = kx, y = x^3, y = \dfrac{1}{x}, y = \sqrt[3]{x}$ 的图形则关于坐标原点对称. 我们用"奇偶性"这个概念来描写函数图形的这种对称性质.

定义 1.4 设函数 $f(x)$ 在区间 D 上有定义，而且 D 关于坐标原点对称，如果对任意的 $x \in D$，都有 $f(-x) = -f(x)$ 成立，则称 $f(x)$ 是区间 D 上的**奇函数**；如果对任意的 $x \in D$，都有 $f(-x) = f(x)$ 成立，则称 $f(x)$ 是区间 D 上的**偶函数**.

根据定义，对于奇函数，由于点 $(x, f(x)), (-x, -f(x))$ 都在函数图形上，而且 $(x, f(x))$ 与 $(-x, -f(x))$ 关于原点对称，所以奇函数的图形关于坐标原点对称. 对于偶函数，由于点 $(x, f(x)), (-x, f(x))$ 都在函数图形上，而且 $(x, f(x))$ 与 $(-x, f(x))$ 关于 y 轴对称，所以偶函数的图形关于 y 轴对称.

例 1.10 讨论函数 $f(x) = x^2 + 1, g(x) = x^3 + 1$ 的奇偶性.

解 函数 $f(x), g(x)$ 的定义域都是 $(-\infty, +\infty)$. 由于
$$f(-x) = (-x)^2 + 1 = x^2 + 1 = f(x),$$
所以 $f(x)$ 是偶函数.

另一方面，由于
$$g(-x) = (-x)^3 + 1 = -x^3 + 1,$$
它既不等于 $g(x)$，也不等于 $-g(x)$，所以函数 $g(x)$ 既非奇函数又非偶函数.

1.1.3 分段函数

在研究某些问题时，函数在它的定义域内，其对应关系并不总是能用一个

数学表达式给出的.比如邮寄信件时,所付的邮资与所寄信件重量的函数关系;又如个人收入所得税的纳税额与个人收入之间的函数关系都不能用单一的一个数学表达式给出,这种函数就是所谓的分段函数.分段函数的定义可以表述为,若函数 $f(x)$ 在其定义域上不能用统一的一个数学表达式给出,但在定义域的不同范围内可以用不同的数学表达式表示,则称 $f(x)$ 是一个**分段函数**.

函数
$$f(x) = \begin{cases} x, & 0 \leqslant x < 1, \\ 2-x, & 1 \leqslant x \leqslant 2 \end{cases}$$
就是一个分段函数,图 1.13 是 $y = f(x)$ 的图形.

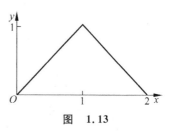

图 1.13

函数
$$\mathrm{sgn}(x) = \begin{cases} 1, & x > 0, \\ 0, & x = 0, \\ -1, & x < 0 \end{cases}$$

称为**符号函数**;函数 $[x]$ 称为**取整函数**,$[x]$ 的值是不大于 x 的最大整数.这是两个常见的分段函数,图 1.14 和图 1.15 分别是它们的图形.

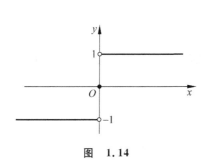

图 1.14

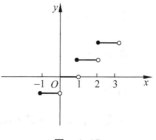

图 1.15

* 与符号函数相类似,还有一个"单位函数"(赫维塞德函数)$H(x)$,如图 1.16 所示.它的定义域是 $-\infty < x < +\infty$,对应关系为

$$H(x) = \begin{cases} 0, & -\infty < x < 0, \\ 1, & 0 \leqslant x < +\infty. \end{cases}$$

它和符号函数 $\mathrm{sgn}(x)$ 的关系是
$$\mathrm{sgn}(x) = H(x) - H(-x).$$

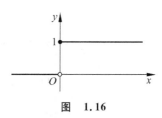

图 1.16

例 1.11 根据个人所得税法规定:个人工资,薪金所得应缴纳个人所得税.假设个人应纳税所得额与税率之间的关系如表 1.2.

表 1.2

级数	全月个人工资、薪金收入 x/元	应纳税所得额	税率/%
1	$x \leqslant 2000$	0	
2	$2000 < x \leqslant 2500$	$x-2000$	5
3	$2500 < x \leqslant 4000$	$x-2500$	10
4	$4000 < x \leqslant 7000$	$x-4000$	15
5	$x > 7000$	$x-7000$	20

试写出个人月工资、薪金收入 x 与应缴纳税款 y 之间的函数关系.

解 当 $x \leqslant 2000$ 时,不必纳税,这时税款额 $y=0$.

当 $2000 < x \leqslant 2500$ 时,超过 2000 的部分 $x-2000$ 应纳税,税率为 5%,税款额 $y = \dfrac{5(x-2000)}{100} = \dfrac{1}{20}(x-2000)$.

当 $2500 < x \leqslant 4000$ 时,前 2500 元的税款额为 $500 \times \dfrac{5}{100} = 25$ 元. 超过 2500 的部分 $x-2500$ 的税率为 10%,应纳税款额为 $\dfrac{10(x-2500)}{100} = \dfrac{1}{10}(x-2500)$,因此这时税款额为 $y = 25 + \dfrac{1}{10}(x-2500)$.

类似地,可得 $4000 < x \leqslant 7000$ 时的税款额为 $y = 175 + \dfrac{3}{20}(x-4000)$,$x > 7000$ 时的税款额为 $y = 625 + \dfrac{1}{5}(x-7000)$.

最后得到一个 x 与 y 之间的分段函数

$$y = \begin{cases} 0, & x \leqslant 2000 \\ \dfrac{1}{20}(x-2000), & 2000 < x \leqslant 2500, \\ 25 + \dfrac{1}{10}(x-2500), & 2500 < x \leqslant 4000, \\ 175 + \dfrac{3}{20}(x-4000), & 4000 < x \leqslant 7000, \\ 625 + \dfrac{1}{5}(x-7000), & x > 7000. \end{cases}$$

习题 1.1

1. 判断下列每组函数中的函数是否相同，并说明理由：
   (1) $f(x)=2\ln x$，$g(x)=\ln x^2$；
   (2) $f(x)=\dfrac{x^2-1}{x+1}$，$g(x)=x-1$；
   (3) $f(x)=\sqrt{x^2}$，$g(x)=x$.

2. 求下列函数的定义域：
   (1) $f(x)=10-x^2$； (2) $f(x)=\sqrt{x^2}$；
   (3) $f(x)=(\sqrt{x})^2$； (4) $f(x)=\sqrt{3x-5}$；
   (5) $f(x)=\ln(2x+1)$； (6) $f(x)=\dfrac{2x}{x^2+3x+2}$；
   (7) $f(x)=\sqrt{\dfrac{1+x}{1-x}}$； (8) $f(x)=\dfrac{1}{x}+\sqrt{1-x^2}$；
   (9) $f(x)=\sqrt{x(x-1)}+\sqrt{x}$； (10) $f(x)=\arcsin\sqrt{2x+1}$.

3. 对下列函数计算 $f(a+h)-f(a)$ 并化简：
   (1) $f(x)=3x+2$； (2) $f(x)=x^2$；
   (3) $f(x)=\dfrac{1}{x}$； (4) $f(x)=\dfrac{1}{x+1}$.

4. 作出下列函数的图形：
   (1) $f(x)=\dfrac{|x|}{x}$； (2) $f(x)=(-1)^{[x]}$，$[x]$ 是取整函数；
   (3) $f(x)=|x|+x$； (4) $f(x)=|2x+3|$；
   (5) $f(x)=\begin{cases}|x|, & |x|\geqslant 1,\\ x^2, & |x|<1;\end{cases}$ (6) $f(x)=\begin{cases}|\sin x|, & |x|<\dfrac{\pi}{2},\\ 0, & \dfrac{\pi}{2}\leqslant|x|\leqslant\pi.\end{cases}$

5. 如果 $f(x)$ 是偶函数且在 $(0,+\infty)$ 内单调增加，证明 $f(x)$ 在 $(-\infty,0)$ 内单调减少.

1.2 三角函数、指数函数、对数函数

1.2.1 三角函数

三角函数是一种具有周期性的重要函数. 自然界中的许多现象都具有周

期性,如行星的运动、季节的变化等. 在学习了三角级数以后,我们就会知道几乎所有的具有周期性的函数都可以用正弦函数和余弦函数的代数和表示.

三角函数的定义可以在一个圆心在原点、半径为 r 的圆上给出,如图 1.17,定义

$$\sin\theta = \frac{y}{r}, \quad \cos\theta = \frac{x}{r}, \quad \tan\theta = \frac{y}{x},$$

$$\cot\theta = \frac{x}{y}, \quad \sec\theta = \frac{r}{x}, \quad \csc\theta = \frac{r}{y}.$$

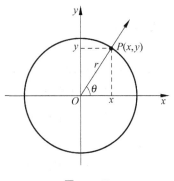

图 1.17

从中不难看出,

$$\tan\theta = \frac{\sin\theta}{\cos\theta}, \quad \cot\theta = \frac{1}{\tan\theta} = \frac{\cos\theta}{\sin\theta},$$

$$\sec\theta = \frac{1}{\cos\theta}, \quad \csc\theta = \frac{1}{\sin\theta},$$

因此正弦函数 $\sin\theta$ 和余弦函数 $\cos\theta$ 又称为基本三角函数.

下面是常用的一些三角函数之间的基本关系:

(1) 同角公式

$$\cos^2 x + \sin^2 x = 1;$$
$$\sec^2 x = 1 + \tan^2 x.$$

(2) 倍角公式

$$\sin 2x = 2\sin x \cos x;$$
$$\cos 2x = \cos^2 x - \sin^2 x;$$
$$\tan 2x = \frac{2\tan x}{1 - \tan^2 x}.$$

(3) 半角公式

$$\sin\frac{x}{2} = \sqrt{\frac{1-\cos x}{2}};$$
$$\cos\frac{x}{2} = \sqrt{\frac{1+\cos x}{2}};$$
$$\tan\frac{x}{2} = \frac{\sin x}{1+\cos x}.$$

(4) 和角公式

$$\sin(x \pm y) = \sin x \cos y \pm \cos x \sin y;$$
$$\cos(x \pm y) = \cos x \cos y \mp \sin x \sin y;$$
$$\tan(x \pm y) = \frac{\tan x \pm \tan y}{1 \mp \tan x \tan y}.$$

(5) 和差化积公式
$$\sin x \pm \sin y = 2\sin\frac{x \pm y}{2}\cos\frac{x \mp y}{2};$$
$$\cos x + \cos y = 2\cos\frac{x+y}{2}\cos\frac{x-y}{2};$$
$$\cos x - \cos y = 2\sin\frac{x+y}{2}\sin\frac{x-y}{2}.$$

(6) 积化和差公式
$$\sin x \sin y = -\frac{1}{2}(\cos(x+y) - \cos(x-y));$$
$$\cos x \cos y = \frac{1}{2}(\cos(x+y) + \cos(x-y));$$
$$\sin x \cos y = \frac{1}{2}(\sin(x+y) + \sin(x-y)).$$

(7) 正弦定理
$$\frac{a}{\sin A} = \frac{b}{\sin B} = \frac{c}{\sin C}.$$

其中 a,b,c 分别是三角形三个角 A,B,C 对应的边.

(8) 余弦定理
$$a^2 = b^2 + c^2 - 2bc\cos A.$$

由于当 θ 的值增加 2π 后,点 P 又回到了原来的位置,所以
$$\sin(\theta + 2\pi) = \sin\theta, \quad \cos(\theta + 2\pi) = \cos\theta, \quad \tan(\theta + 2\pi) = \tan\theta,$$
$$\cot(\theta + 2\pi) = \cot\theta, \quad \sec(\theta + 2\pi) = \sec\theta, \quad \csc(\theta + 2\pi) = \csc\theta.$$
这种函数值重复出现的性质就是函数的周期性.

定义 1.5 设函数 $f(x)$ 的定义域为 D,若存在正数 $T>0$,使得对任意的 $x \in D$ 都有 $f(x+T) = f(x)$,则称 $f(x)$ 是一个**周期函数**,$T>0$ 称为 $f(x)$ 的**周期**. 如果 T 是函数 $f(x)$ 的一个周期,则 $2T,3T$ 等也是函数 $f(x)$ 的周期,一般说的周期指的是最小正周期.

事实上,正弦函数 $\sin\theta$ 和余弦函数 $\cos\theta$ 的周期是 2π,正切函数 $\tan\theta$ 和余切函数 $\cot\theta$ 的周期是 π. 图 1.18～图 1.23 给出了三角函数的图形. 函数

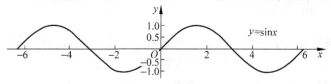

图 1.18

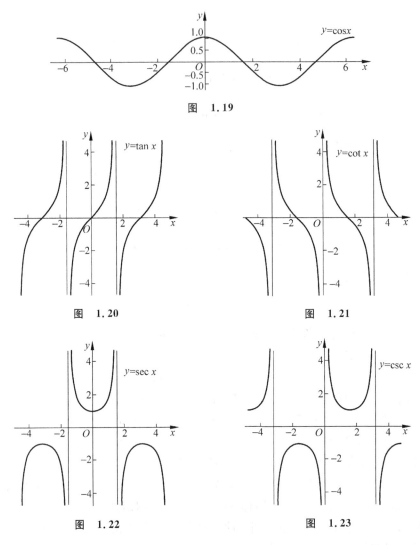

图 1.19

图 1.20

图 1.21

图 1.22

图 1.23

$f(x)=x\sin\dfrac{1}{x}(x\neq 0)$ 的图像如图 1.24 所示.

1.2.2 指数函数

指数函数是科学研究与工程技术中的一类重要函数,有着非常广泛的应用.下面通过几个熟悉的问题,引进指数函数的概念.

例 1.12 复利问题.设银行存款的年利率是 r,且按复利计算.若某人在银行存入 10 000 元,经过 10 年的时间,此人最终的存款额是多少?

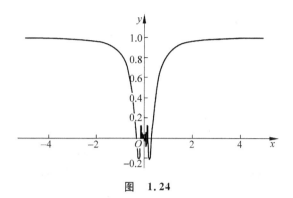

图 1.24

解 经过 1 年的时间,存款额变成
$$10\,000 + 10\,000r = 10\,000(1+r);$$
经过 2 年的时间,存款额变成
$$10\,000(1+r) + 10\,000(1+r)r = 10\,000(1+r)^2;$$
经过 3 年的时间,存款额变成
$$10\,000(1+r)^2 + 10\,000(1+r)^2 r = 10\,000(1+r)^3;$$
类似地算下去,经过 10 年的时间,存款额会变成 $10\,000(1+r)^{10}$.

一般来说,经过 n 年的时间,存款额就变成 $10\,000(1+r)^n$.

例 1.13 人口增长问题. 某城市现有人口 50 万人,预计今后人口的年增长率是千分之三,试估计该城市 20 年后的人口总数(单位:人).

解 1 年后,该城市的人口数约为
$$500\,000(1+0.003) = 500\,000 \times 1.003;$$
2 年后,该城市的人口数约为
$$500\,000 \times 1.003 + 500\,000 \times 1.003 \times 0.003 = 500\,000 \times 1.003^2;$$
20 年后,该城市的人口数约为
$$500\,000 \times 1.003^{20} \approx 530\,870(人).$$

上述两个问题中都出现了表达式 pa^x,函数 $y = a^x (a>0, a \neq 1)$ 称为以 a 为底的指数函数,高等数学中常用的是以一个无理数 $e = 2.718281\cdots$ 为底的指数函数 $y = e^x$.

图 1.25 中给出了函数 $y = 2^x, y = 3^x, y = \left(\dfrac{1}{2}\right)^x, y = \left(\dfrac{1}{3}\right)^x$ 的图形.

* 细心的读者也许会发现:对于实数 $a>0$ 和 x,指数函数 a^x 只是一个形式的表达式,它的含义是不清楚的. 因为对于整数 n, a^n 是有意义的;对于分数(有理数)$a^{\frac{m}{n}}$,它也是有意义的,即 $a^{\frac{m}{n}} = (a^{\frac{1}{n}})^m$. 但对于实数(无限非循环小数)

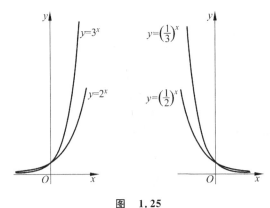

图 1.25

a, a^a(例如 $\pi^{\sqrt{2}}$),它的定义是什么呢?它还是个实数吗?这就牵涉到实数的构造问题,这里不去涉及.简单地说,任何一个实数 a,都可以看成是一串有理数 $r_1, r_2, \cdots, r_k, \cdots$ 的极限,由于 $a^{r_1}, a^{r_2}, \cdots, a^{r_k}, \cdots$ 都有定义,所以就把 a^a 定义为 $a^{r_1}, a^{r_2}, \cdots, a^{r_k}, \cdots$ 的极限,它是一个实数.

从图 1.25 不难看出,函数 $y=a^x (a>0, a\neq 1)$ 的定义域是 $(-\infty, +\infty)$,值域是 $(0, +\infty)$,当 $a>1$ 时是严格单调增加的函数,当 $0<a<1$ 时是严格单调减少的函数.

下面是指数函数的一些基本运算规则:

$$a^x a^y = a^{x+y};$$
$$(a^x)^y = a^{xy};$$
$$a^x b^x = (ab)^x;$$
$$a^0 = 1, \quad a^{-x} = \frac{1}{a^x}.$$

1.2.3 反函数

根据函数的定义,我们知道,对于每一个自变量的值都有惟一的函数值与之对应.反过来,对于每一个函数值,是不是也只有惟一的自变量的值与之对应呢?结论当然不是.如函数 $y=x^2, y=\frac{1}{x^2}$,当 $y=1$ 时,就有 $x=\pm 1$ 与之对应.从图形上看就是直线 $y=1$ 与函数 $y=x^2, y=\frac{1}{x^2}$ 的图形都有两个交点.但对于函数 $y=x^3, y=\sqrt{x}$ 来说,情况就有所不同,在它们的值域中任取一个数 c,则直线 $y=c$ 与函数 $y=x^3, y=\sqrt{x}$ 的图形都仅有一个交点.这种不同的自变量对应着不同函数值的函数称为**一一对应**的函数.

定义 1.6 设 $f(x)$ 是定义在 D 上的一一对应函数,值域为 Z,若对应关系 g 使得对任意的 $y\in Z$,都有惟一的 $x\in D$ 与之对应,且 $f(x)=y$,则称 g 是 f 的**反函数**,记为 $g=f^{-1}$.

* 由严格单调函数的定义可以知道,在一个区间上严格单调(增或减)的函数必有反函数.

习惯上将自变量用 x 表示,因变量用 y 表示,因此 $y=f(x)$ 的反函数是 $y=f^{-1}(x)$. 所以两个函数 $y=f(x),y=f^{-1}(x)$ 互为反函数,其中任意一个函数的值域就是另外一个函数的定义域,而且 $f(f^{-1}(x))=f^{-1}(f(x))=x$.

下面的例子说明如何求反函数以及如何画反函数的图形. 设 $y=f(x)=\frac{1}{2}(x-1)$,先解出 x 为 y 的函数 $x=2y+1$,这仍是原来的函数,x 为自变量. 但如果把其中 x 与 y 互换:$y=2x+1$,它就是 $f(x)$ 的反函数 $f^{-1}(x)=2x+1$ 了. 这个反函数满足关系 $f(f^{-1}(x))=f^{-1}(f(x))=x$,它们的定义域和值域都是 $(-\infty,+\infty)$.

从几何上看,点 (x,y) 与点 (y,x) 关于直线 $y=x$ 对称,所以函数 $y=f(x)$ 上的点 $(a,f(a))$ 与 $(f(a),a)$ 对称,如果记 $f(a)=b$,则后一个点 $(f(a),a)=(b,f^{-1}(b))$ 就是反函数 $y=f^{-1}(x)$ 曲线上的一个点(见图 1.26).

图 1.27 是函数 $y=\frac{1}{2}(x-1),x\in(-\infty,+\infty)$ 与其反函数 $y=2x+1$ 的图形.

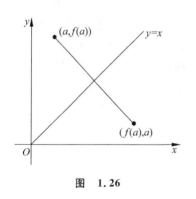

图 1.26

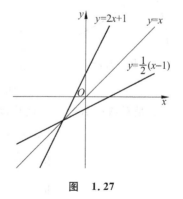

图 1.27

图 1.28 是函数 $y=x^3+1,x\in(-\infty,+\infty)$ 与其反函数 $y=\sqrt[3]{x-1}$ 的图形.

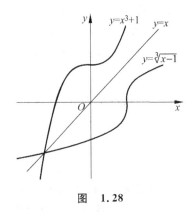

图 1.28

1.2.4 对数函数

当 $a>0$ 且不等于 1 时,指数函数 $y=a^x$ 在其定义域 $(-\infty,+\infty)$ 上是严格单调的,因此它是一个一一对应的函数,于是存在反函数.函数 $y=a^x$ 的反函数称为以 a 为底的**对数函数**,也称为以 a 为底的对数,记作 $y=\log_a x$,其定义域是 $(0,+\infty)$,值域是 $(-\infty,+\infty)$.以 10 为底的对数称为常用对数,记作 $y=\lg x$,以无理数 e 为底的对数称为自然对数,记作 $y=\ln x$.图 1.29 是函数 $y=\log_2 x$ 和 $y=\log_{\frac{1}{2}} x$ 的图形.

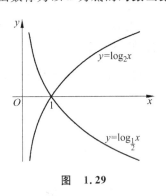

图 1.29

从图 1.29 可以看出,函数 $y=\log_2 x$ 在 $(0,+\infty)$ 上严格单调增加,$y=\log_{\frac{1}{2}} x$ 在 $(0,+\infty)$ 上严格单调减少.事实上,根据指数函数的单调性及反函数的概念可知,当 $a>1$ 时,$y=\log_a x$ 严格单调增加;当 $0<a<1$ 时,$y=\log_a x$ 严格单调减少.

下面是对数函数的一些运算规则 (a,b,x,y 都是正数):

$$\log_a(xy)=\log_a x+\log_a y;$$

$$\log_a \frac{x}{y}=\log_a x-\log_a y;$$

$$\log_a x^r = r\log_a x;$$

$$\log_a x = \frac{\log_b x}{\log_b a};$$

$$\log_a a = 1, \quad \log_a 1 = 0.$$

例 1.14 设银行存款的年利率是 3%,且按复利计算,若某人在银行存入 10 000 元,问经过多少年,此人的最终存款额是 15 000 元?

解 设经过 x 年,此人的最终存款额是 15 000 元. 由于
$$10\ 000(1.03)^x = 15\ 000,$$
所以 $x = \log_{1.03} 1.5 \approx 13.7$.

例 1.15 放射性元素的半衰期是指放射性物质(例如碳 14)消耗掉一半时所用的时间. 若某放射性元素的衰减规律是 $y = y_0 e^{-kt}$,其中 y 是在 t 时刻的放射性物质的总量,y_0 是在开始时($t=0$)的放射性物质总量,求此放射性元素的半衰期.

解 设此放射性元素的半衰期为 T,根据半衰期的概念,得 $y_0 e^{-kT} = \frac{1}{2} y_0$,所以 $-kT = \ln \frac{1}{2}$,即 $T = \frac{\ln 2}{k}$.

例 1.16 刻画声音强度的单位是分贝,声音的分贝数 y 与声音强度 x 之间的关系是 $y = 10\lg(10^{12} x)$. 当声音强度增加一倍时,声音的分贝数增加了多少?若要使声音的分贝数增加 20,声音的强度约增加到原来的多少倍?

解 当声音强度增加一倍时,声音的分贝数增加了
$$10\lg(10^{12} \times 2x) - 10\lg(10^{12} x) = 10\lg 2 \approx 3.$$
设声音的分贝数增加 20 时,声音的强度增加到原来的 k 倍,则
$$10\lg(10^{12} kx) - 10\lg(10^{12} x) = 10\lg k = 20,$$
解得 $k = 100$.

1.3 函数运算

1.3.1 函数的四则运算

当若干个函数的自变量取定一个值时,这些函数本身也各取一个确定的实数值. 实数的四则运算是我们所熟悉的,函数的四则运算就要通过实数的运算来加以定义.

定义 1.7 设函数 $f(x), g(x)$ 都在 D 上有定义,$k \in \mathbb{R}$,则对它们进行四则运算的结果(和、差、积、商)还是一个函数. 它们的定义域不变,而数值的对应则如下定义:

(1) $(f+g)(x) = f(x) + g(x)$;

(2) $(kf)(x) = kf(x)$;

(3) $(fg)(x) = f(x)g(x)$;

(4) $\left(\dfrac{f}{g}\right)(x) = \dfrac{f(x)}{g(x)}, \quad g(x) \neq 0.$

其中左端括号内表示对两个函数 f, g 进行运算后所得的函数,它在 x 处的值等于右端的值.

例如在 1.1.3 节的 * 中,用到单位函数 $H(x)$ 与 $H(-x)$ 之差 $H(x) - H(-x)$. 由于 $H(x), H(-x)$ 的定义域都是 $(-\infty, +\infty)$,所以差函数的定义域也是 $(-\infty, +\infty)$. 又当 $-\infty < x < 0$ 时 $H(x) - H(-x) = 0 - 1 = -1$,而当 $0 < x < +\infty$ 时, $H(x) - H(-x) = 1 - 0 = 1$,又 $H(0) - H(-0) = 1 - 1 = 0$. 所以 $H(x) - H(-x)$ 对任何 x,取值就是 $\operatorname{sgn}(x)$.

又如,多项式函数
$$P(x) = a_n x^n + a_{n-1} x^{n-1} + \cdots + a_1 x + a_0$$
就是由幂函数经过数乘运算与求和运算得到的,而有理函数
$$R(x) = \dfrac{a_n x^n + a_{n-1} x^{n-1} + \cdots + a_1 x + a_0}{b_m x^m + b_{m-1} x^{m-1} + \cdots + b_1 x + b_0}$$
则是由两个多项式通过求商运算得到.

  * 对两个函数 $f(x), g(x)$ 可以进行四则运算的一个必要条件是它们有相同的定义域. 这个条件可以放宽,即如果 f, g 的定义域分别为 D_1, D_2,则在它们的共同部分(交集)$D_1 \bigcap D_2$ 中可以对它们进行四则运算;但如果这个交集是空集,则这种运算就不能进行. 例如 $f(x) = \sqrt{1-x^2}$,它的定义域是 $[-1, 1]$,而 $g(x) = \sqrt{x^2 - 4}$,它的定义域是 $(-\infty, -2] \bigcup [2, +\infty)$,这两个定义域的交集为空集,所以对这两个函数不能进行四则运算.

1.3.2 复合函数

在讨论函数问题时,经常会遇到多个函数相互作用的情况. 如有函数 $g(x)$ 和 $f(x)$,它们的定义域分别是 D_g 和 D_f,值域分别是 Z_g 和 Z_f. 当 $Z_g \subset D_f$ 时,对于任意的 $x \in D_g$,都有惟一的 $g(x) \in Z_g \subset D_f$,从而有惟一的 $f(g(x)) \in Z_f$ 与 $x \in D_g$ 对应,这样就确定了一个从 D_g 到 Z_f 的函数,此函数称为函数 f 和 g 的**复合函数**,记作 $(f \circ g)(x) = f(g(x))$. 图 1.30 给出了上述复合过程.

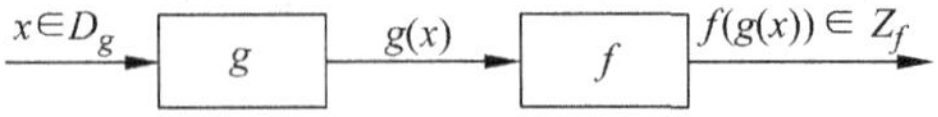

$$x \in D_g \longrightarrow \boxed{g} \xrightarrow{g(x)} \boxed{f} \xrightarrow{f(g(x)) \in Z_f}$$

图 1.30

事实上,只要 $Z_g \bigcap D_f \neq \varnothing$,函数 f 和 g 就可以进行复合,构成复合函数.

一般地，复合函数$(f\circ g)(x)$的定义域是D_g的一个子集.

例 1.17 函数$y=\sqrt{4-x^2}$，$y=e^{x^2+x+1}$分别由哪些函数复合而成？

解 $y=\sqrt{4-x^2}$由函数$f(x)=\sqrt{x}$和$g(x)=4-x^2$复合而成，即
$$y=\sqrt{4-x^2}=f(g(x)),$$
定义域是$[-2,2]$.

$y=e^{x^2+x+1}$由函数$f(x)=e^x$和$g(x)=x^2+x+1$复合而成，即
$$y=e^{x^2+x+1}=f(g(x)),$$
定义域是$(-\infty,+\infty)$.

例 1.18 已知某物体的质量m是$10\,\text{kg}$，其运动速度与运动时间的关系是$v=10t(\text{m/s})$，求运动时间是$10\,\text{s}$时该物体的动能.

解 由于运动物体的动能$E=\frac{1}{2}mv^2$，且$v=10t$，所以当运动时间是$10\,\text{s}$时，该物体的动能为
$$E=\frac{1}{2}m(10t)^2=\frac{1}{2}\times 10\times (10\times 10)^2=50\,000(\text{J}).$$

例 1.19 设$f(x)=x+|x|$，$g(x)=\begin{cases}x, & x<0,\\ x^2, & x\geqslant 0,\end{cases}$求$f(g(x))$.

解 根据复合函数的定义，有
$$f(g(x))=g(x)+|g(x)|=\begin{cases}x-x, & x<0,\\ x^2+x^2, & x\geqslant 0\end{cases}=\begin{cases}0, & x<0,\\ 2x^2, & x\geqslant 0.\end{cases}$$

常见的六类函数，即常数函数、幂函数、指数函数、对数函数、三角函数和反三角函数，称为**基本初等函数**.由基本初等函数经过有限次的四则运算和有限次的复合运算得到的函数，称为**初等函数**.初等函数是微积分中研究的主要函数.

1.3.3 函数图形的运算——平移

已知函数$y=f(x)$的图形，如何画出函数$y=f(x)+a$和$y=f(x+b)$的图形？图1.31是$y=x^2$，$y=x^2+2$和$y=x^2-1$的图形，图1.32则是$y=x^2$，$y=(x+2)^2$和$y=(x-1)^2$的图形.

图中显示，将$y=x^2$的图形沿y轴方向向上移两个单位得到的是$y=x^2+2$的图形，向下移一个单位得到的是$y=x^2-1$的图形；将$y=x^2$的图形沿x轴方向向左移两个单位得到的是$y=(x+2)^2$的图形，向右移一个单位得到的是$y=(x-1)^2$的图形.这就是利用$y=f(x)$的图形，画出$y=f(x)+a$

和 $y=f(x+b)$ 的图形的一般方法. 这种做法的理由请读者自己思考.

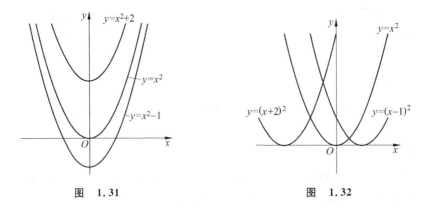

图　1.31　　　　　　　　　　图　1.32

例 1.20（截断函数）　设函数 $f(x)$（见图 1.33(a)）定义在整个实数轴上,用函数的运算求下列函数的图形：
$$g(x)=\begin{cases} f(x), & a\leqslant x<b, \\ 0, & x<a \text{ 或 } x\geqslant b. \end{cases}$$

解　先构造一个"门函数"：
$$M(x)=\begin{cases} 1, & x\in[a,b), \\ 0, & \text{其他} \end{cases}$$

（见图 1.33(b)）. 它可以通过对单位函数 $H(x)$ 的运算来完成,
$$M(x)=H(x-a)-H(x-b).$$
所求的函数 $g(x)$ 就是两个函数 $f(x), M(x)$ 的乘积：
$$g(x)=f(x)M(x) \quad (\text{见图 } 1.33(c)).$$

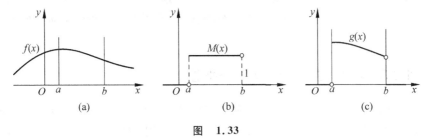

图　1.33

下面再介绍几个常用函数的图形.

例 1.21（逻辑斯蒂函数）　$f(x)=\dfrac{1}{1+e^{-x}}, -\infty<x<+\infty$. 其图形如图 1.34 所示.

例 1.22 $y=\dfrac{1}{1+x^2}$，$-\infty<x<+\infty$. 其图形如图 1.35 所示.

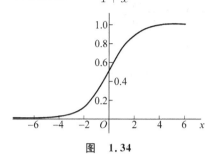

图 1.34

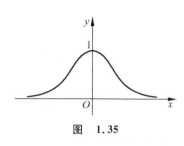

图 1.35

例 1.23（正态分布曲线） $y=\mathrm{e}^{-x^2}$，$-\infty<x<+\infty$. 其图形如图 1.36.

例 1.24（泊松分布曲线） $y=x\mathrm{e}^{-x}$，$0\leqslant x<+\infty$. 其图形如图 1.37.

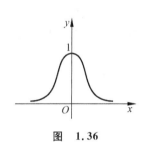

图 1.36

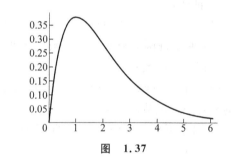

图 1.37

习题 1.3

1. 说明下列函数在指定范围内的单调性：

(1) $y=x^3$，$(-\infty,+\infty)$；

(2) $y=\ln x$，$(0,+\infty)$；

(3) $y=\cos x$，$(0,\pi)$.

2. 找出下列函数中的奇函数、偶函数、非奇非偶函数：

(1) $y=x^3+x+1$；

(2) $y=x^3+x$；

(3) $y=x^4+2x^2+1$；

(4) $y=x^4+2x^2+x$；

(5) $y=\sin x+\cos x$；

(6) $y=\dfrac{1}{2}(a^x+a^{-x})$；

(7) $y=\dfrac{1}{2}(a^x-a^{-x})$；

(8) $y=\sin(\cos x)$.

3. 求下列函数的反函数：

(1) $y = x^3 - 1$；

(2) $y = \dfrac{1-x}{1+x}$；

(3) $y = e^{x+1} - 2$；

(4) $y = \dfrac{3^x}{3^x + 1}$.

4. 对下列每组函数求 $f+g$ 和 fg，并写出它们的定义域：

(1) $f(x) = x+1$，$g(x) = x^2 + 2x - 1$；

(2) $f(x) = \dfrac{1}{x-1}$，$g(x) = \dfrac{1}{2x+1}$；

(3) $f(x) = \sqrt{x+1}$，$g(x) = \sqrt{4-x}$；

(4) $f(x) = \sqrt{x^2+1}$，$g(x) = \dfrac{1}{\sqrt{9-x^2}}$.

5. 证明：

(1) 两个奇函数的和是奇函数，两个偶函数的和是偶函数；

(2) 两个奇函数或两个偶函数的乘积是偶函数，一个奇函数与一个偶函数的乘积是奇函数；

(3) 两个奇函数的复合是奇函数，两个偶函数或一个奇函数与一个偶函数的复合是偶函数.

6. 对于下列每组函数写出 $f(g(x))$ 的表达式：

(1) $f(x) = 1 - x^2$，$g(x) = 2x + 3$；

(2) $f(x) = \sqrt{x^2 - 3}$，$g(x) = x^2 + 3$；

(3) $f(x) = \sqrt{x}$，$g(x) = \cos x$；

(4) $f(x) = 1 - e^x$，$g(x) = \sin x$；

(5) $f(x) = \begin{cases} 1, & |x| < 1, \\ 0, & |x| = 1, \\ -1, & |x| > 1, \end{cases}$ $g(x) = x^2 + 3$.

7. 已知 $f(x) = \dfrac{x-3}{x+1}$，证明当 $x \neq \pm 1$ 时，有 $f(f(f(x))) = x$.

8. 设 $f(x) = \dfrac{x}{x-1}$，求 $f\left(\dfrac{1}{x}\right)$，$f(f(x))$，$f\left(\dfrac{1}{f(x)}\right)$.

9. 利用 $y = \sqrt{x}$ 的图像，画出函数 $y = \sqrt{x-2} + 3$ 的图像.

10. 利用 $y = x^2$ 的图像，画出函数 $y = (x+2)^2 - 3$ 的图像.

11. 利用 $y = x$ 与 $y = \sqrt{x}$ 的图像，画出 $y = x + \sqrt{x}$ 的图像.

12. 画出函数 $y = \dfrac{|x| + x}{x}$ 的图像.

1.4 函数的参数表示和极坐标表示

1.4.1 函数的参数表示

在一般情况下,曲线可以看成是点的运动轨迹,在运动过程中点的位置是由运动时间确定的,当建立了直角坐标系后,点的位置就由它的直角坐标刻画.因此,在平面上,一个点的坐标(x,y)应该是时间t的函数,即x,y应满足

$$\begin{cases} x = x(t), \\ y = y(t), \end{cases} t \text{ 是时间参数},$$

其中左边的x,y表示坐标,右边的x,y表示函数关系. 称点集$\{(x,y) | x = x(t), y = y(t), t\text{ 为参数}\}$表示的曲线$L$为**参数曲线**,关系式

$$\begin{cases} x = x(t), \\ y = y(t), \end{cases} t \text{ 是参数},$$

称为曲线L的**参数表示**或**参数方程**.

(1) **抛物线** $y = x^2$,其右半支(见图 1.38)的参数方程既可以表示为

$$\begin{cases} x = \sqrt{t}, \\ y = t, \end{cases} t \geqslant 0,$$

也可以表示为

$$\begin{cases} x = t, \\ y = t^2, \end{cases} t \geqslant 0.$$

事实上,由于参数选取的不同,同一条曲线可以有不同的参数方程.

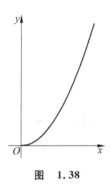

图 1.38

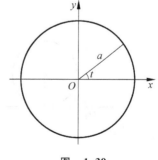

图 1.39

(2) 如图 1.39,**圆周** $x^2 + y^2 = a^2 (a > 0)$ 的参数方程一般表示为

$$\begin{cases} x = a\cos t, \\ y = a\sin t, \end{cases} 0 \leqslant t < 2\pi. \tag{1.1}$$

(3) 如图 1.40, 椭圆 $\dfrac{x^2}{a^2}+\dfrac{y^2}{b^2}=1(a>0,b>0)$ 的参数方程一般表示为

$$\begin{cases} x = a\cos t, \\ y = b\sin t, \end{cases} \quad 0 \leqslant t < 2\pi. \tag{1.2}$$

(4) 如图 1.41, **双曲线** $\dfrac{x^2}{a^2}-\dfrac{y^2}{b^2}=1(a>0,b>0)$ 的参数方程一般表示为

$$\begin{cases} x = a\cosh t, \\ y = b\sinh t, \end{cases} \quad -\infty < t < +\infty, \tag{1.3}$$

其中 $\cosh t = \dfrac{1}{2}(e^t+e^{-t})$, $\sinh t = \dfrac{1}{2}(e^t-e^{-t})$ 分别叫做**双曲余弦函数**和**双曲正弦函数**.

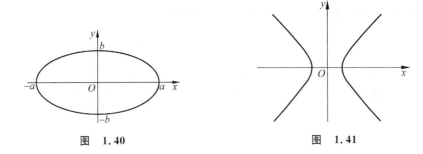

图 1.40　　　　　　　　　图 1.41

(5) 当半径为 R 的圆周沿水平直线(地面)滚动时,开始时圆周上与地面相切的那个点 M 的运动轨迹称为**摆线**(见图 1.42),其参数方程一般表示为

$$\begin{cases} x = R(t-\sin t), \\ y = R(1-\cos t), \end{cases} \quad -\infty < t < +\infty. \tag{1.4}$$

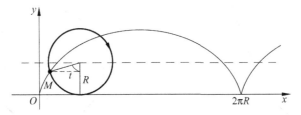

图 1.42

1.4.2　函数的极坐标表示

1. 极坐标系

在平面上,除了利用直角坐标表示点外,极坐标也是常用的.

从一定点 O 出发的一条射线,在确定了单位长度后就构成了极坐标系,其中定点 O 称为**极点**(原点),射线称为**极轴**.

建立了极坐标系后,对于平面上的任一点 P,将其到极点 O 的距离记为 ρ,直线 OP 与极轴的夹角记为 φ(如图 1.43),则有序数组 (ρ,φ) 称为点 P 的极坐标,ρ 称为极径,φ 称为极角.

当极坐标系中的极轴与直角坐标系中的正 x 轴重合时,平面上点的极坐标 (ρ,φ) 与直角坐标 (x,y) 之间有如下关系:

$$\begin{cases} x = \rho\cos\varphi, \\ y = \rho\sin\varphi, \end{cases} \quad \begin{cases} \rho^2 = x^2 + y^2, \\ \tan\varphi = \dfrac{y}{x}. \end{cases} \tag{1.5}$$

当点在第一象限时,上述关系由图 1.44 可直接得到;当点位于其他象限时,利用正弦、余弦的性质就可以验证上述关系成立.

图 1.43　　　　　　　图 1.44

2. 圆的极坐标方程

圆心位于点 (x_0,y_0),半径为 R 的圆的直角坐标方程是
$$(x-x_0)^2 + (y-y_0)^2 = R^2,$$
利用直角坐标与极坐标的关系可知其极坐标方程为
$$\rho^2 - 2\rho\rho_0\cos(\varphi-\varphi_0) + \rho_0^2 = R^2, \tag{1.6}$$
其中 (ρ_0,φ_0) 是点 (x_0,y_0) 的极坐标.

特别地,圆心在原点,半径为 R 的圆的方程是
$$\rho = R, \tag{1.7}$$
圆心在点 $(R,0)$,半径为 R 的圆的方程是
$$\rho = 2R\cos\varphi, \tag{1.8}$$
圆心位于 $(0,R)$,半径为 R 的圆的方程是
$$\rho = 2R\sin\varphi. \tag{1.9}$$

3. 直线的极坐标方程

过原点的直线方程为 $\varphi = c$(常数).

一般直线 $ax+by=c$ 的极坐标方程为

$$\rho = \frac{c}{a\cos\varphi + b\sin\varphi}. \tag{1.10}$$

特别地,垂直于 x 轴的直线 $x=a$ 的极坐标方程为 $\rho = \dfrac{a}{\cos\varphi}$;垂直于 y 轴的直线 $y=b$ 的极坐标方程为 $\rho = \dfrac{b}{\sin\varphi}$.

　　* 这里要注意:前面说过,线性函数的几何表示是直线,这是对直角坐标系而言的,对于极坐标系不成立.

4. 阿基米德(Archimedean)螺线的极坐标方程

当一动点 P 以常速 v 沿一条射线运动,而这条射线又以定角速度 ω 绕极点 O 转动时,动点 P 的轨迹就是**阿基米德螺线**. 阿基米德螺线的极坐标方程一般为

$$\rho = a\varphi, \tag{1.11}$$

其中 $a = \dfrac{v}{\omega}$,$\varphi \in (-\infty, +\infty)$,其图形如图 1.45 所示.

5. 对数螺线的极坐标方程

极坐标方程为

$$\rho = a\mathrm{e}^{k\varphi}, \quad \varphi \in (-\infty, +\infty)$$

的曲线是所谓的**对数螺线**,此曲线与所有过极点的射线的交角都相等($\mathrm{arccot}\, k$). 图 1.46 是对数螺线的图形.

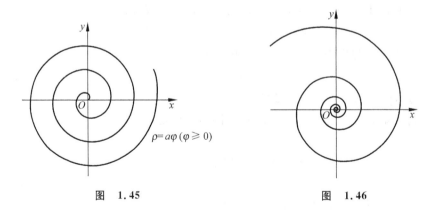

图 1.45　　　　　　图 1.46

例1.25　写出下列极坐标方程的直角坐标形式,并指出所表示的曲线类型:

(1) $\rho = \dfrac{1}{2+\cos\varphi}$;　(2) $\rho = \dfrac{1}{1+2\cos\varphi}$;　(3) $\rho = \dfrac{1}{1+\cos\varphi}$.

解 (1) 由 $\rho = \dfrac{1}{2+\cos\varphi}$ 变形得

$$2\rho = 1 - \rho\cos\varphi,$$

将 $\rho = \sqrt{x^2+y^2}$, $\rho\cos\varphi = x$ 代入得

$$2\sqrt{x^2+y^2} = 1 - x,$$

两边平方并整理得

$$\dfrac{9\left(x+\dfrac{1}{3}\right)^2}{4} + \dfrac{3y^2}{4} = 1.$$

此方程表示的是一个椭圆.

(2) $\rho = \dfrac{1}{1+2\cos\varphi}$ 的直角坐标形式是

$$9\left(x-\dfrac{2}{3}\right)^2 - 3y^2 = 1.$$

此方程表示的是双曲线.

(3) $\rho = \dfrac{1}{1+\cos\varphi}$ 的直角坐标形式是

$$y^2 = -2\left(x-\dfrac{1}{2}\right).$$

此方程表示的是一条抛物线.

复习题 1

1. 已知函数 $f(x)$ 的定义域是 $[0,1]$,求下列函数的定义域:
(1) $y = f(x^2)$;   (2) $y = f(\sin x)$;
(3) $y = f(e^x)$;   (4) $y = f(\ln x)$.

2. 在 $\triangle ABC$ 中,$AB = 5$,$AC = 3$,$\angle BAC = x$,BC 边长是角 x 的函数,记为 $f(x)$,求 $f(x)$ 的值域.

3. 半径为 r 的球面面积为 $S = 4\pi r^2$,球体积 $V = \dfrac{4}{3}\pi r^3$,请把 V 表示为 S 的函数.

4. 已知抛物线过 $(0,0)$,$\left(\dfrac{1}{2},0\right)$,$(1,1)$ 三点,求它的方程.

5. 如下图,锥形容器的底半径为 R,高为 H. 现以速度 W 向容器内注水,求:(1)水的容积 V 作为时间 t 的函数;(2)V 作为水高度 h 的函数;(3)h 作

为 t 的函数.

6. 如图,等腰梯形上、下底长分别为 b,a,高为 h,过底边任一点 x 作垂线可画出一块面积 $A(x)$,求函数 $A(x)$ 的表达式.

7. 某产品共有 1500 t,每吨定价 150 元,一次销售量不超过 100 t 时,按原价出售,若一次销售量超过 100 t,但不超过 500 t 时,超出部分按 9 折出售;如果一次销售量超过 500 t 时,超出 500 t 的部分按 8 折出售,试将该产品一次出售的收入 y 表示成一次销售量的函数.

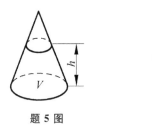

题 5 图

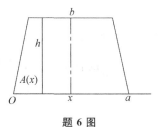

题 6 图

8. 当商品的价格提高时,其社会需求量便随之下降. 设某商品的价格 P(元/件)与社会日需求 Q(件)的关系为
$$Q = -aP + b \quad (a,b \text{ 为正数}),$$
又知道当 $P=10$ 元/件时,日销量为 100 件;当 $P=20$ 元/件时,日销量为 40 件. 试求出函数 $Q=Q(P)$.

9. 已知一种细菌的个数按指数方式 $y = Ae^{kt}$ (A,k 为常数)增长,若又知 $t=5$ 时 $y=936$,$t=10$ 时 $y=2190$,求开始时的细菌个数.

函数的极限

第 2 章

2.1 函数在一点附近的性态、无穷小量

2.1.1 无穷小量

以上我们都是把函数作为一个整体来看待的,下面我们把注意力转向函数在一点附近的性态.看图 1.4,这时点 $x=0$ 在定义域中,$f(0)=0$,但如果不把 $x=0$ 直接代入,而让 x 以任意方式无限趋于 0,则 $f(x)$ 的值也会无限趋于 0.

我们还可以注意图 1.8 和图 1.11,这两个函数的定义域是除了 0 以外的全体实数,当 x 无限增大(或无限减小)时,$f(x)$ 的值将无限趋于 0. 一般我们称这类在某一点 c(可以是"无穷远"点)趋于 0 的函数为"在点 c 处的无穷小量".

定义 2.1 如果对任意给定的小实数 $\varepsilon>0$,都能找到一个相应的小实数 $\delta>0$,使得只要 x 满足 $0<|x-c|<\delta$,就能使 $|f(x)|<\varepsilon$,则称函数 $f(x)$ 是一个 c 点处的**无穷小量**(简称无穷小).

这个定义是"当 x 以任意方式无限趋于 c 时,$f(x)$ 的值也无限趋于 0"的严格说法.

例如 $f(x)=x^2$ 在 $x=0$ 处是一个无穷小量. 这一点可以根据定义来说明:如果选 $\varepsilon=10^{-8}$,为了使 $x^2<10^{-8}$,就应要求 $|x|<10^{-4}$,所以就取 $\delta=10^{-4}$. 也就是说,只要 $|x|<10^{-4}$,就可以使 $f(x)=x^2<10^{-8}$. 一般来说,对无论多小的正数 ε,我们可以取相应的 $\delta=\sqrt{\varepsilon}$.

注意:一个函数是不是无穷小量取决于在哪一个点. 例如,

函数 $f(x)=x-1$ 在 $x=1$ 处是无穷小量,而在任何其他点它都不是无穷小量.

* 从定义中可以看出,函数 $f(x)$ 在点 $x=c$ 处是否是一个无穷小量,与 f 在 c 处的值 $f(c)$ 并无关系,甚至 f 在 c 点可以没有定义,因为,在定义 2.1 中关于 x 的不等式已排除了 $x=c$.

* 如果 $f(x)$ 的定义域是区间 $[a,b]$,而 c 正好是一个端点($c=a$ 或 $c=b$),则定义中的第一个不等式应改为 $0<x-a<\delta$ 或 $0<b-x<\delta$.

定义 2.2 如果对任意给定的小实数 $\varepsilon>0$,都能找到一个相应的大实数 $N>0$,使得只要 x 满足 $x>N$,就能使 $|f(x)|<\varepsilon$,则称函数 $f(x)$ 是一个在 $+\infty$ 处的无穷小量.

这个定义就是"当 x 无限增大时,$f(x)$ 的值将无限趋于 0"的严格说法.

读者可尝试自己给出"当 x 无限减小时,$f(x)$ 的值无限趋于 0"以及"当 x 无限趋于 c 时,$f(x)$ 的值将无限增大"(如图 1.11)的严格表述.

定义 2.3 如果函数 $\dfrac{1}{f(x)}$ 在一点 c 处是一个无穷小量,则函数 $f(x)$ 在这点 c 处称为**无穷大量**.

以下是一些无穷小的例子:

$x^k(k>0)$,在 $x=0$;

$\dfrac{x^2-1}{x^3+2}$,在 $x=\pm 1$;

$\sin(x+c)$,在 $x=-c$;

$\ln(1+x)$,在 $x=0$;

$\dfrac{1}{\tan x}$,在 $x=\dfrac{\pi}{2}$;

$e^{\frac{-1}{x^2}}$,在 $x=0$;

$x^k(k<0)$,在 $x\to\infty$;

e^{-x^2},在 $x\to\infty$;

$10^x-\cos x$,在 $x=0$.

函数 $H(x)$,$[x]$ 在 $x=0$ 处都不是无穷小.

* 从无穷小的定义可以推出,对任何一个点,一个只取常数值的函数在这一点为无穷小的充分必要条件是这个常数值为零.

* 无穷小量的定义看似简单,但它是经过几代数学家的努力才建立起来的. 最初牛顿(Newton)对无穷小量的定义是模糊不清的,为此招致了不少批评. 例如伯克利(Berkeley)就说过:"要设想一个量为无穷小,即比任何可感觉或可想像的量还要小,或者说比任何最小的有限量还要小,这的确超出了本人的能力."18 世纪的大数学家欧拉(Euler)还认为无穷小量事实上就是 0,但存在不同阶的 0. 一直到 19 世纪 20 年代,柯西(Cauchy)才提出了"无限趋近"这一直观性很强的说法. 这种提法虽然从概念上澄清了"无穷小量是一个函数而不是一个数",但它仍不能说是严格的. 直到 19 世纪的后半叶,严格化的工作经魏尔斯特拉斯(Weierstrass)等提出"ε-δ"说法才最后完成.

2.1.2 无穷小量的运算和无穷小的阶

设函数 f, g, h 等都是在点 c 处的无穷小量,它们的四则运算就是普通函数的四则运算. 我们感兴趣的是两个无穷小量经过四则运算后的结果是否仍然是一个无穷小量.

容易证明下面的结论(这里不证):

(1) 在同一点(包括 $\pm\infty$)处的有限个无穷小量之和(差)仍是一个在这一点处的无穷小量.

(2) 在一点处的无穷小量乘上一个在这一点附近的有界函数仍是在这一点处的无穷小量.

在这两个结论的基础上,可以进一步提出两个问题:

(1) 在同一点处,无穷多个无穷小量之和是否还是一个无穷小量?

(2) 两个在同一点处的无穷小量相除是否还是一个无穷小量?

第一个问题我们留到以后"定积分"部分去讨论,现在先讨论第二个问题.

在同一点处的两个无穷小量相除,可能出现各种不同的情况. 请看下面在 $x=0$ 处三个不同的无穷小量:

$$f(x) = x, \quad g(x) = x\sin\frac{1}{x}, \quad h(x) = x^2.$$

可以看到,在 $x=0$ 处,$\dfrac{h(x)}{f(x)}$ 仍是一个无穷小量,但 $\dfrac{f(x)}{h(x)}$ 则是一个无穷大量,而 $\dfrac{g(x)}{f(x)}$ 和 $\dfrac{h(x)}{g(x)}$ 什么都不是.

定义 2.4 设 $f(x), g(x)$ 都是在 $x=c$ 处的无穷小量,如果当 x 趋于 c 时,$\dfrac{f(x)}{g(x)}$ 趋于 1,则称 f, g 在 $x=c$ 处是两个**等价的无穷小**,记为

$$f(x) \sim g(x), \quad x \to c. \tag{2.1}$$

如果 $\dfrac{f(x)}{g(x)}$ 在 $x=c$ 处还是无穷小,则称在 $x=c$ 处,$f(x)$ 是 $g(x)$ 的**高阶无穷小**,记为

$$f(x) = o(g(x)), \quad x \to c. \tag{2.2}$$

换句话说,"$f(x)$是$g(x)$在点$x=c$处的高阶无穷小"意思就是当x无限趋于c时,$\frac{f(x)}{g(x)}$趋于0. 如果$f(x)$是一个在点$x=c$处的无穷小,则常简记为$f(x)=0(1)$.

如果当x趋于c时,$\frac{f(x)}{g(x)}$趋于A ($A\neq 0,A\neq 1$),则称f,g在$x=c$处是两个同阶的无穷小.

用同样的方式可以定义在一点两个无穷大量相比的阶.

例如,在$x=0$处,$\tan x \sim \sin x$.

图 2.1 是函数$y=(x-c)^k, k=\frac{1}{3},1,2,3$时的图形. 在$x=c$处,当$k>1$时,$(x-c)^k$是$x-c$的高阶无穷小,当$0<k<1$时,$x-c$却是$(x-c)^k$的高阶无穷小;如果$k<0$,则$(x-c)^k$是$x=c$处的无穷大量,如果$m<k<0$,则$(x-c)^m$是$(x-c)^k$在$x=c$处的高阶无穷大.

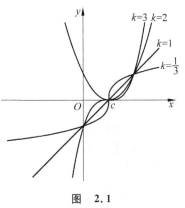

图 2.1

习题 2.1

1. 下列变量中,哪些是无穷小量,哪些是无穷大量:

(1) $1000x^2$ ($x\to 0$);

(2) $\frac{100}{\sqrt{x}}$ ($x\to 0^+$);

(3) $\frac{x-2}{x^2-4}$ ($x\to 2$);

(4) 2^x-1 ($x\to 0$);

(5) $\sin\frac{1}{x}$ ($x\to 0$);

(6) $\sin\frac{1}{x}$ ($x\to\infty$);

(7) $\ln x$ ($x\to 0^+$);

(8) $e^{\frac{1}{x}}-1$ ($x\to\infty$);

(9) $e^{\frac{1}{x}}$ ($x\to 0$).

2. 当$x\to 0$时,x^2与$x-x^2$相比,哪一个是高阶无穷小?

3. 当$x\to 1$时,$\sqrt{x}-1,x-1,x^2-1,x^3-1,(x-1)^2$中的同阶无穷小有哪些?

4. 证明:当$x\to 0$时,有下列等价关系:

(1) $\sqrt{1+x}-1 \sim \frac{1}{2}x$;   (2) $(1+x)^2-1 \sim 2x$.

5. 证明无穷小的等价关系具有传递性,即如果 $x \to c$ 时,若 $f(x) \sim g(x)$, $g(x) \sim h(x)$,则有 $x \to c$ 时,$f(x) \sim h(x)$.

6. 当 $x \to \infty$ 时,$x, e^x, \ln|x|, x\sin x, x^2\cos x$ 中的哪几个不是无穷大?

7. 已知 $f(x)$ 与 $g(x)$ 是 $x \to x_0$ 时的等价无穷小量,证明:$f(x) - g(x) = o(g(x))$ $(x \to x_0)$.

8. 将下列无穷小量 $(x \to 0^+)$ 按照阶的高低排列起来:$\sqrt{x}, x, xe^x, x\sin x, x\cos x$.

2.2 函数在一点的极限及在一点的连续性

2.2.1 函数在一点的极限

在本书一开始的例子中,就谈到了极限.现在就来正式给予定义."无穷小"这一概念源于函数 $f(x)$ 的值趋于 0 这一特定条件(在自变量趋于某一定值或 ∞ 的条件下).人们自然会想到,"$f(x)$ 的值趋于 0"的这个 0 可否被其他的非零值来代替呢?这应该是可以做到的.设 C 为一个常数,如果在 $x = c$ 附近,$f(x)$ 可以表示为常数 C 和一个在 $x = c$ 处的无穷小量之和,则称当 x 趋于点 c 时,$f(x)$ 有极限 C,记为

$$\lim_{x \to c} f(x) = C.$$

根据上面无穷小量的严格说法,这个定义也可以写成以下形式.

定义 2.5 如果对于任意给定的小实数 $\varepsilon > 0$,总能找到相应的一个小实数 $\delta > 0$,使得只要 x 满足 $0 < |x - c| < \delta$,就可以使 $|f(x) - C| < \varepsilon$,则称当自变量 x 趋于 c 时,函数 $f(x)$ 以实数 C 为**极限**.

第一个不等式说明 $x \neq c$,也就是 c 点可以不在函数的定义域内;即使 $f(c)$ 有定义,$\lim_{x \to c} f(x)$ 和 $f(c)$ 也不一定有什么关系.

读者可以尝试自己写出当自变量 x 无限增大(或减小)时,函数 $f(x)$ 以 C 为极限的定义.

例 2.1 $f(x) = 2x$,则有 $\lim_{x \to 0} f(x) = 0, \lim_{x \to 1} f(x) = 2, \lim_{x \to \infty} f(x) = \infty$(见图 1.5).

例 2.2 $f(x) = x^3$,则有 $\lim_{x \to 2} f(x) = 8, \lim_{x \to -\infty} f(x) = -\infty$(见图 1.7).

例 2.3 $f(x) = \dfrac{1}{x^2}$,则有 $\lim_{x \to 0} f(x) = \infty, \lim_{x \to \infty} f(x) = 0$(见图 1.11).

例 2.4 $f(x) = x^{\frac{2}{3}}$,则有 $\lim_{x \to 0} f(x) = 0, \lim_{x \to -\infty} f(x) = \infty$(见图 1.12).

例 2.5 $f(x)=3^{-x}$,则有 $\lim\limits_{x\to 0}f(x)=1$, $\lim\limits_{x\to +\infty}f(x)=0$(见图 1.25).

例 2.6 $f(x)=x\sin\dfrac{1}{x}$,则有 $\lim\limits_{x\to 0}f(x)=0$(见图 1.24).

例 2.7 $f(x)=\lg x$,则有 $\lim\limits_{x\to 1}f(x)=0$.

在以上的例子中,自变量 x 趋于常数 c 的方式是**任意的**,x 可以从 c 的左边趋向于 c,也可以从 c 的右边趋向于 c,也可以忽左忽右跳跃式地趋向于 c. 然而我们有时要限制 x 只能从 c 的左边(或右边)以任意方式趋近于 c,并且以记号 $x\to c^-$(或 $x\to c^+$)来表示,所得的极限分别称为左极限和右极限. 这样做的原因可以通过下面的例子理解.

例 2.8 $f(x)=\sqrt{x}$,则有 $\lim\limits_{x\to 0^+}f(x)=0$,取右极限的原因是函数的定义域的点都在 0 的右边.

例 2.9 符号函数 $f(x)=\mathrm{sgn}(x)$(见图 1.14),可以看出,
$$\lim\limits_{x\to 0^-}f(x)=-1,\quad \lim\limits_{x\to 0^+}f(x)=1.$$
这时函数在点 0 处的左、右极限都存在,但不相等,因而函数在点 0 处的极限不存在(或称函数在这一点没有极限).

例 2.10 取整函数 $f(x)=[x]$(见图 1.15),这时
$$\lim\limits_{x\to N^-}f(x)=N-1,\quad \lim\limits_{x\to N^+}f(x)=N,$$
其中 N 是任意一个整数. 所以这个函数在所有的整数点处都没有极限.

对于求函数在一点处的极限并没有固定的一般方法,下面的"夹逼定理"对讨论一个函数在一点处极限的存在性有时会很有用.

定理 2.1(夹逼定理) 如果在某一点 c 的附近,对于所有的 x,不等式 $f(x)\leqslant g(x)\leqslant h(x)$ 成立,且 $\lim\limits_{x\to c}f(x)=\lim\limits_{x\to c}h(x)=C$,则
$$\lim\limits_{x\to c}g(x)=C.$$

这个结论对取左、右极限也适用.

这里我们不去证明这个定理,只举例说明如何使用它.

例 2.11 求极限 $\lim\limits_{x\to 0}\dfrac{\sin x}{x}$.

解 如图 2.2 所示.

当 $x\in\left(0,\dfrac{\pi}{2}\right)$ 时,$\triangle OAB$ 的面积小于扇形 OAB 的面积,而扇形 OAB 的面积又小于 $\triangle OAC$ 的面积,所以

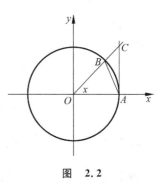

图 2.2

$$\frac{1}{2}\sin x < \frac{1}{2}x < \frac{1}{2}\tan x,$$

从而

$$1 < \frac{x}{\sin x} < \frac{1}{\cos x},$$

即

$$\cos x < \frac{\sin x}{x} < 1.$$

因为 $\lim\limits_{x\to 0^+}\cos x = 1$,$\lim\limits_{x\to 0^+} 1 = 1$,所以 $\lim\limits_{x\to 0^+}\frac{\sin x}{x} = 1$. 又因为

$$\lim_{x\to 0^-}\frac{\sin x}{x} = \lim_{x\to 0^-}\frac{\sin(-x)}{-x} = \lim_{x\to 0^+}\frac{\sin x}{x} = 1,$$

所以

$$\lim_{x\to 0}\frac{\sin x}{x} = 1.$$

这个极限说明在 $x=0$,x 和 $\sin x$ 是等价的无穷小量.

例 2.12（变量代换求极限） 求极限 $\lim\limits_{x\to 0}\dfrac{\sin 2x}{x}$.

解 设 $2x = y$,则 $x = \dfrac{y}{2}$,当 $x\to 0$ 时,$y\to 0$. 所以原式变成

$$\lim_{y\to 0}\frac{\sin y}{y/2} = 2\lim_{y\to 0}\frac{\sin y}{y} = 2.$$

例 2.13 求极限 $\lim\limits_{x\to 0}\cos\left(x^2 + \dfrac{\pi}{2}\right)$.

解 设 $x^2 + \dfrac{\pi}{2} = y$,则 $x^2 = y - \dfrac{\pi}{2}$,当 $x\to 0$ 时,$y\to\dfrac{\pi}{2}$,原式成为 $\lim\limits_{y\to \frac{\pi}{2}}\cos y = 0$.

* 最后提一下函数极限的惟一性问题. 在处理一个函数在一点的极限时,人们有时根据经验或是直观,"猜"出来一个极限. 这时往往会问:这个极限是我们所要求的吗？如果能一般地证明:函数在一点的极限最多只能有一个（可能没有）,那么不管用什么方法得到的极限,只要证明它确实是极限,那么它们都是同一个数. 下面就来证明这一点.

要证的是:设 $\lim\limits_{x\to a}f(x) = A$,$\lim\limits_{x\to a}f(x) = B$,则 $A = B$.

证明:根据极限的定义,$f(x) = A + o(1)$,$f(x) = B + o(1)$. 两个 $o(1)$（未必相等）都是 $x\to a$ 时的无穷小量,把二式相减,即得 $A - B = o(1)$（在同一点处两个无穷小量之差仍是无穷小量）. 注意左边是一个常数,而作为无穷小量的常数只能是 0,所以 $A - B = 0$.

2.2.2 函数极限的运算、函数在一点的连续性

在进行求函数在一点处极限的过程中,常常需要做一些四则运算.下面的定理就是这些运算的规则,我们都不给出证明.

定理 2.2 假设函数 $f(x),g(x)$ 在 $x=c$ 处分别有极限 A,B,即 $\lim\limits_{x \to c} f(x) = A, \lim\limits_{x \to c} g(x) = B$,则有

(1) $\lim\limits_{x \to c}[f(x) \pm g(x)] = A \pm B$;

(2) $\lim\limits_{x \to c}[f(x) \cdot g(x)] = A \cdot B$;

(3) $\lim\limits_{x \to c} \dfrac{f(x)}{g(x)} = \dfrac{A}{B}, B \neq 0$.

例 2.14 求极限 $\lim\limits_{x \to 0} \dfrac{\tan x}{x}$.

解 因为 $\lim\limits_{x \to 0} \dfrac{\sin x}{x} = 1, \lim\limits_{x \to 0} \cos x = 1$,所以

$$\lim_{x \to 0} \frac{\tan x}{x} = \lim_{x \to 0} \frac{\sin x}{x} \cdot \frac{1}{\cos x} = \lim_{x \to 0} \frac{\sin x}{x} \cdot \lim_{x \to 0} \frac{1}{\cos x} = 1.$$

例 2.15 求极限 $\lim\limits_{x \to 0} \dfrac{1-\cos x}{x^2}$.

解 $\lim\limits_{x \to 0} \dfrac{1-\cos x}{x^2} = \lim\limits_{x \to 0} \dfrac{2\sin^2 \frac{x}{2}}{x^2} = \lim\limits_{x \to 0} \dfrac{1}{2} \dfrac{\sin \frac{x}{2}}{\frac{x}{2}} \cdot \dfrac{\sin \frac{x}{2}}{\frac{x}{2}} = \dfrac{1}{2}$.

从 2.1.1 节求函数极限的例子可以看出,大部分函数在一点的极限值正好是函数在这一点的值.如例 2.1 中 $\lim\limits_{x \to 0} f(x) = 0 = f(0)$,例 2.2 中 $\lim\limits_{x \to 2} f(x) = 8 = f(2)$,例 2.5 中 $\lim\limits_{x \to 0} f(x) = 1 = f(0)$,例 2.7 中 $\lim\limits_{x \to 1} f(x) = 0 = f(1)$,等等.在另外一些例子中,出现了这两个值不相等的情况,这或者是由于所趋向的点根本不在函数的定义域内(例 2.3、例 2.6),因而函数不可能在这一点取值;或者是函数在这一点没有极限,即在这一点函数的左、右极限至少有一个不存在,或者都存在但不相等(例 2.9、例 2.10);当然还有一些特殊的情况,例如在一点左、右极限都存在而且相等,但它们却不等于函数在这一点的值.

定义 2.6 如果函数 $f(x)$ 在其定义域内某一点 $x=c$ 的函数值 $f(c)$ 正好等于它在这一点的极限值,也就是

$$\lim_{x \to c} f(x) = f(\lim_{x \to c} x) = f(c),$$

则称函数 $f(x)$ 在 $x=c$ 这一点**连续**;否则就称函数 $f(x)$ 在这一点**不连续**或间

断,而称点 c 为函数 $f(x)$ 的**不连续点**或**间断点**.

由此可见,函数在 $x=c$ 处不连续,无非是以下三种情况:

(1) 函数在 $x=c$ 处的左、右极限至少有一个不存在(或趋于 ∞).

(2) 函数在 $x=c$ 处左、右极限都存在,但不相等(这类间断点称为函数的**第一类间断点**,并称函数在这一点发生**第一类间断**. 与之对应的是第一种情况中的 c 点称为**第二类间断点**).

(3) 函数在 $x=c$ 处左、右极限都存在且相等,但不等于函数值 $f(c)$. 这类间断点称为函数的**可去型间断点**.

从几何上看,如果把函数 $y=f(x)$ 看成是一条曲线,其上每一点的坐标是 $(x,f(x))$. 则此函数在 $x=c$ 处连续的意思,就是当动点 $(x,f(x))$ 在 $(c,f(c))$ 这一点附近沿曲线变动时,只要两点间的横向距离 $|x-c|$ 很小,则其纵向距离 $|f(x)-f(c)|$ 也就很小.

*反过来说函数在 $x=c$ 处不连续,就意味着存在一个小正数 η,使得无论 $\delta>0$ 多么小,总可以找到一个离 c 充分近的 x 值($|x-c|<\delta$),使 $|f(x)-f(c)|>\eta$. 或者说,总有一个 $\eta>0$,使得能找到一串趋近于 c 的点 x,在这些点上,函数值 $f(x)$ 与 $f(c)$ 之间总保持一个不小于 η 的距离. 例如,要说明符号函数 $\mathrm{sgn}(x)$ 在 $x=0$ 处不连续,我们取 $\eta=\dfrac{1}{4}$,则对任意小的 $\delta>0$,可以找到 x,$0<|x-0|<\delta$,但 $|\mathrm{sgn}(x)-\mathrm{sgn}(0)|=|\pm 1-0|=1>\dfrac{1}{4}$.

例 2.16 如图 2.3 所示,$f(x)=\dfrac{\sin x}{x}$ 以 $x=0$ 为可去型间断点. 因为 $x=0$ 不在 $f(x)$ 的定义域内,如果定义 $f(0)=1$,则它在 $x=0$ 处连续.

例 2.17 如图 2.4 所示,$f(x)=\begin{cases}x+1, & x<1,\\ \sqrt{x}, & x\geq 1,\end{cases}$ 在 $x=1$ 处发生第一类间断.

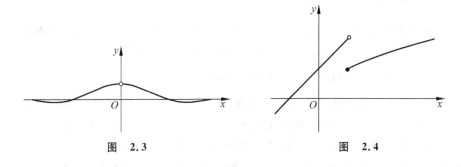

图 2.3　　　　　　　　　图 2.4

例 2.18 如图 2.5 所示,$f(x)=\dfrac{1}{x}$ 以 $x=0$ 为第二类间断点.

例 2.19 如图 2.6 所示,$f(x)=\sin\dfrac{1}{x}$ 以 $x=0$ 为第二类间断点.

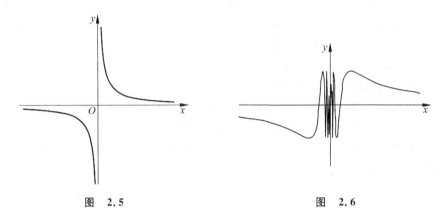

图 2.5　　　　　　　　　图 2.6

定理 2.3 所有的基本初等函数在它们的定义域内都是连续的.

2.2.3 连续函数的性质

定义 2.7 函数 $f(x)$ 在区间 (a,b) 上有定义.如果 $f(x)$ 在 (a,b) 内的任意一点都连续,则称函数在区间 (a,b) 上连续.若 $f(x)$ 在 $[a,b]$ 上有定义,在 (a,b) 上连续,且
$$\lim_{x\to a^+}f(x)=f(a),\qquad \lim_{x\to b^-}f(x)=f(b),$$
则称 $f(x)$ 在 $[a,b]$ 上连续.通常把 $[a,b]$ 上连续函数的全体,记为 $C[a,b]$.

连续函数有以下性质.

性质 1 如果两个函数 f,g 都在 $x=c$ 点连续,则函数 $f\pm g,fg,|f|$, $\dfrac{f}{g}(g(c)\neq 0)$ 都在 c 点连续.

性质 2(复合函数的连续性) 如果函数 $f(x)$ 在 $x=c$ 点连续,函数 $g(y)$ 在 $d=f(c)$ 点连续,则复合函数 $g(f(x))$ 在 $x=c$ 点连续.

* 如果一个连续函数有反函数,它的反函数是否也有连续性?

性质 3 如果函数 $f(x)$ 在 $x=c$ 点连续而且 $f(c)>0$(或小于零),则存在一个小区间 $(c-\varepsilon,c+\varepsilon)$,使得在此小区间内 $f(x)$ 总是大于(或小于)零.

性质 4(连续函数的介值定理) 如果函数 $f(x)$ 在闭区间 $[a,b]$ 上连续,而且在两端的值异号,即 $f(a)f(b)<0$,则必有一点 $c\in(a,b)$,使 $f(c)=0$.

介值定理可以一般地表述为:在闭区间$[a,b]$上的连续函数$f(x)$,如果有$f(a)=A,f(b)=B(A<B)$,则对任意实数$C,A<C<B$,都有$c\in(a,b)$,使$f(c)=C$.

连续函数性质 3 和性质 4 的几何意义是很明显的. 前者说明只要$f(c)$为正,则不论它多么小,由于它是连续变化的,所以在c点附近总有一个小范围使它仍保持正号,即不可能x一离开c点,函数立即变为非正. 这个性质刻画了函数在一点连续的特性. 后者所刻画的是连续函数在整个闭区间的特性. 它说明如果一个连续函数在一个闭区间两端的取值不同号,例如函数的曲线一端在x轴之上而另一端在x轴之下,由于函数所表示的曲线是连续的,所以这条曲线必然要穿过x轴,也就是在这一点取零值.

我们把连续函数的性质 1~性质 4 加上下面的性质 5 都看成是由实数及连续函数的定义推出来的基本性质而不加证明. 以后还可以根据它们来证明连续函数的其他性质.

性质 5　如果函数$f(x)$在闭区间$[a,b]$上连续,则存在两个点$c,d\in[a,b]$,使得对区间中的任意点x,都有
$$f(c)\leqslant f(x)\leqslant f(d).$$

这一条说的也是连续函数在整个闭区间的性质. $f(c)=m$叫做函数$f(x)$在$[a,b]$上的**最小值**,相应的$f(d)=M$叫做**最大值**.

要注意的是,后两个性质对于开区间而言都未必成立.

　　*前面已经说过,关于函数在一点的无穷小、极限、连续等性质都是对一点的附近而说的,即都是所谓的局部性质. 只有这五条性质的后两条说的是函数在整个闭区间上的性质,一般称之为整体性质. 既然有的整体性质是通过局部来定义的(例如函数在区间上的连续性由每点的连续性来定义),那么可否把一些一点附近的局部性质直接推广到整个区间呢?例如性质 3,我们可否作这种推理:连续函数$f(x)$在$c\in(a,b)$为正,则f必在c的一个小邻域中也为正,因而在这个小邻域的端点(例如称之为d点)$f(d)>0$,在d处继续利用性质 3,又可以把$f>0$范围扩大一些. 如此继续下去,就有可能扩大到(a,b)区间,最后得到一个荒谬的结论:在区间(a,b)连续的函数只要在区间内一点为正,则它在整个区间内都为正. 那么,问题出在哪儿呢?

例 2.20　函数$f(x)=\begin{cases}x, & x>0\\-1, & x\leqslant 0\end{cases}$在开区间$(0,1)$内连续,且$f(0)f(1)=-1<0$,但在$(0,1)$内没有使函数值等于零的点.

例 2.21　函数$f(x)=\dfrac{1}{x}$在开区间$(0,1)$内连续,但不存在$d\in(0,1)$,

使得 $f(x) \leqslant f(d)$ 对任意的 $x \in (0,1)$ 都成立.

例 2.22 证明方程 $x^4 + x^3 + x - 1 = 0$ 至少有两个不同的实根.

证明 记 $f(x) = x^4 + x^3 + x - 1$,则函数 $f(x)$ 连续,且
$$f(-2) = 5 > 0, \quad f(0) = -1 < 0, \quad f(1) = 2 > 0.$$
根据连续函数的介值定理,存在 $\xi \in (-2, 0)$, $\eta \in (0, 1)$, 使得 $f(\xi) = 0, f(\eta) = 0$, 因此方程 $x^4 + x^3 + x - 1 = 0$ 至少有两个不同的实根,而且在 $(-2, 1)$ 之内.

例 2.23 已知函数 $f(x) \in C[a,b]$,且 $a < f(x) < b (x \in [a, b])$,证明:存在 $\xi \in (a, b)$,使得 $f(\xi) = \xi$.

证明 令 $F(x) = f(x) - x$, 则 $F(x) \in C[a,b]$, 且
$$F(a) = f(a) - a > 0,$$
$$F(b) = f(b) - b < 0,$$
根据连续函数的介值定理,存在 $\xi \in (a, b)$, 使得 $F(\xi) = 0$, 即 $f(\xi) = \xi$(见图 2.7).

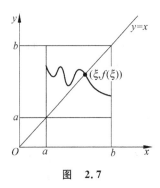

图 2.7

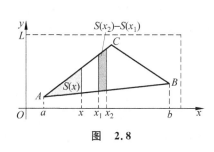

图 2.8

例 2.24 证明:在平面上,沿任一方向作平行直线,则其中必存在一条直线将给定的三角形分成面积相等的两部分.

证明 以此方向为 y 轴方向建立坐标系(如图 2.8).

设 $\triangle ABC$ 位于一个高为 L 的矩形之内,$S(x)$ 表示平行于 y 轴的直线将 $\triangle ABC$ 分成两部分后左边部分的面积.

由于对任意的 $x_1 < x_2 (x_1 \in [a, b], x_2 \in [a, b])$,都有
$$0 < S(x_2) - S(x_1) < L(x_2 - x_1),$$
所以 $S(x)$ 在 $[a, b]$ 上连续.

又因为 $S(a) = 0, S(b) = S(\triangle ABC \text{ 的面积})$,所以根据介值定理一般表述可知存在 $a < x_0 < b$,使得

$$S(x_0) = \frac{1}{2}S.$$

即存在平行于 y 轴的直线 $x = x_0$，将 $\triangle ABC$ 分成了面积相等的两部分.

习题 2.2

1. 计算下列极限：

(1) $\lim\limits_{x \to 3}(3x^2 + 7x - 10)$；

(2) $\lim\limits_{x \to 2}(x^3 + 3x + 1)(x^2 + 2x + 2)$；

(3) $\lim\limits_{x \to 1}\dfrac{x+1}{x^2+x+1}$；

(4) $\lim\limits_{x \to -1}\dfrac{(3x^2 + 2x + 1)^4}{(x+5)^2}$；

(5) $\lim\limits_{x \to 1}\sqrt{2x+3}$；

(6) $\lim\limits_{x \to 4}\sqrt{3 - \sqrt{x}}$.

2. 计算下列极限：

(1) $\lim\limits_{x \to -1}\dfrac{x+1}{x^2 - x - 2}$；

(2) $\lim\limits_{x \to 1}\dfrac{x^2 + x - 2}{x^2 - 4x + 3}$；

(3) $\lim\limits_{x \to -3}\dfrac{x^2 + 6x + 9}{x^2 - 9}$；

(4) $\lim\limits_{x \to -1}\dfrac{x^3 + 1}{x^2 - 1}$；

(5) $\lim\limits_{x \to 3}\dfrac{\dfrac{1}{x} - \dfrac{1}{3}}{x - 3}$；

(6) $\lim\limits_{x \to 0}\dfrac{\dfrac{1}{2+x} - \dfrac{1}{2}}{x}$；

(7) $\lim\limits_{x \to 0}\dfrac{\sqrt{x+4} - 2}{x}$；

(8) $\lim\limits_{x \to 0}\dfrac{\sqrt{1+x} - \sqrt{1-x}}{x}$；

(9) $\lim\limits_{x \to 5}\dfrac{\sqrt{x+4} - 3}{x - 5}$；

(10) $\lim\limits_{x \to +\infty}(\sqrt{x+1} - \sqrt{x})$.

3. 求下列函数在指定点的左、右极限，并判断函数极限的存在性：

(1) $f(x) = \dfrac{x-4}{|4-x|}$，在 $x = 4$ 点；

(2) $f(x) = \dfrac{x}{x - |x|}$，在 $x = 0$ 点；

(3) $f(x) = \sqrt{1 - \cos x}$，在 $x = 0$ 点；

(4) $f(x) = \dfrac{\sin x}{\sqrt{1 - \cos x}}$，在 $x = 0$ 点.

4. 计算下列极限：

(1) $\lim\limits_{x \to 0}\dfrac{\arcsin x}{x}$；

(2) $\lim\limits_{x \to 0}\dfrac{\arctan x}{x}$；

(3) $\lim\limits_{x \to 0}\dfrac{\sin(2x^2)}{x^2}$；

(4) $\lim\limits_{x \to 0^+}\dfrac{\sin x}{\sqrt{x}}$；

(5) $\lim\limits_{x\to 0}\dfrac{\sin 2x}{\tan 5x}$;

(6) $\lim\limits_{x\to 0}\dfrac{\sin x - \tan x}{x^3}$;

(7) $\lim\limits_{x\to 0}\dfrac{1-\cos x}{x\sin x}$;

(8) $\lim\limits_{x\to 0}x\cot 2x$;

(9) $\lim\limits_{x\to\infty}x^2\sin\dfrac{1}{x^2}$;

(10) $\lim\limits_{x\to 0}\left(\dfrac{2+e^{\frac{1}{x}}}{1+e^{\frac{2}{x}}}+\dfrac{\sin x}{|x|}\right)$;

5. 求常数 c 的值，使得下列分段函数在分段点处连续：

(1) $f(x)=\begin{cases}x+c, & x<0,\\ 4-x^2, & x\geqslant 0;\end{cases}$

(2) $f(x)=\begin{cases}2x+c, & x\leqslant 3,\\ 2c-x, & x>3;\end{cases}$

(3) $f(x)=\begin{cases}e^x, & x\geqslant 0,\\ x+c, & x<0;\end{cases}$

(4) $f(x)=\begin{cases}\dfrac{\ln(1+cx)}{x}, & x>0,\\ \dfrac{1}{2}, & x=0,\\ \dfrac{\sin x}{2x}, & x<0.\end{cases}$

6. 求下列函数的间断点，并指出间断点的类型：

(1) $f(x)=\dfrac{x}{(x+1)^2}$;

(2) $f(x)=\dfrac{x}{x^2-1}$;

(3) $f(x)=\dfrac{x+1}{x^2-1}$;

(4) $f(x)=\dfrac{|x-1|}{(x-1)^3}$;

(5) $f(x)=\dfrac{x^2+5x+6}{x+2}$;

(6) $f(x)=\dfrac{x}{\sqrt{1-\cos x}}$;

(7) $f(x)=\begin{cases}\dfrac{e^{2x}-1}{x}, & x\neq 0,\\ \dfrac{1}{2}, & x=0;\end{cases}$

(8) $f(x)=\begin{cases}x\csc 2x, & x\neq 0,\\ 2, & x=0.\end{cases}$

7. 证明方程 $x=\cos x$ 在 $\left(0,\dfrac{\pi}{2}\right)$ 内具有一个实根.

8. 证明方程 $x^5-3x+1=0$ 在 1 与 2 之间至少有一个实根.

9. 证明方程 $x^3-4x+1=0$ 具有三个不同实根.

10. 已知 $f(x)$ 在 $[a,b]$ 上连续，证明：对于 $[a,b]$ 内的任意 n 个数 x_1, $x_2,\cdots,x_n$，存在 $\xi\in(a,b)$，使得
$$f(x_1)+f(x_2)+\cdots+f(x_n)=nf(\xi).$$

复习题 2

1. 将下列无穷小量（$x \to 0^+$）按照阶的高低排列起来：

$\sin x^2$， $\sin(\tan x)$， $\arcsin \sqrt{x}$， $e^{x^3}-1$， $\ln(1+\sqrt[3]{x})$， $1-\cos x^2$.

2. 设 $a>0$，n 为正整数，证明存在惟一正实数 b，使得 $b^n = a$.

3. 当 $a_{2n}<0$ 时，证明实系数多项式方程
$$x^{2n} + a_1 x^{2n-1} + \cdots + a_{2n-1} x + a_{2n} = 0$$
至少有两个不同实根.

4. 已知函数 $f(x)$ 在 $[0, 2a]$ 上连续，且 $f(0) = f(2a)$，证明存在 $\xi \in [0, a]$，使得
$$f(\xi) = f(\xi + a).$$

5. 已知函数 $f(x)$ 在 $[0,1]$ 上连续，且 $f(0) = f(1)$，证明：

(1) 存在 $\xi \in [0,1]$，使得 $f(\xi) = f\left(\xi + \dfrac{1}{2}\right)$；

(2) 对于任意的正整数 n，存在 $\xi \in [0,1]$，使得 $f(\xi) = f\left(\xi + \dfrac{1}{n}\right)$.

函数的导数

第 3 章

3.1 导数的概念

3.1.1 正比关系

两个变量之间的函数关系 $y=f(x)$，除了常数关系(即 $f(x)$ 总是取同一个常数值)以外，最简单的对应关系就是正比关系，即 $f(x)$ 与 x 同步增长(可以是负增长)。确切地说，设自变量从 x_0 变到任意一点 x，相应的因变量从 $y_0=f(x_0)$ 变到 $y=f(x)$，如果存在一个与 x 无关的常数 k，使得关系

$$y-y_0 = f(x)-f(x_0) = k(x-x_0) \quad (3.1)$$

对所有 x 成立，则称 y 和 x 成正比关系，称函数 $y=f(x)$ 为**正比函数**，k 称为**比例常数**。

方程(关系)(3.1)又可写成以下形式：

$$y = f(x) = kx + (y_0 - kx_0),$$

或

$$(y-y_0)/(x-x_0) = k,$$

它们都表示一条通过 (x_0, y_0)，斜率为 k 的直线(见图 3.1)，所以正比函数也称**线性函数**。

下面是几个常见的例子。

例 3.1 一个圆的周长 c 是它直径 d 的线性函数：$c=\pi d$；但圆的面积 A 不是其直径 d 的线性函数。

例 3.2 质点的等速直线运动：设在时刻 t_0，质点位于 x_0 处，则到时刻 t，它的位置 x 满足关系 $x-x_0=v(t-t_0)$，等速运动意味着 v 是一个常数。

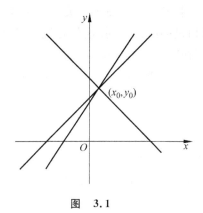

图 3.1

例 3.3 一条均匀的细杆,从它的一端量取长度 l_0,这段长度的质量为 m_0;又从同一端量取长度 $l > l_0$,这段质量为 m,则在 $[l_0, l]$ 这一段,细杆每单位长的质量为 $\dfrac{m - m_0}{l - l_0} = \rho$. 由于杆是均匀的,所以 ρ 为常数,称为杆的密度.

例 3.4 设 A, B 是一段均匀导线的两个端点,电流从 A 流向 B. 如果两个端点的电压差为 $U - U_0$,电流为 $I - I_0$,则由欧姆定律得 $\dfrac{U - U_0}{I - I_0} = R$(常数).

一般来说,如果 $y = f(x)$ 是一个线性函数,则必有 $\dfrac{f(x) - f(x_0)}{x - x_0} = k$,其中 k 是比例常数. 在不同的问题中,这个常数往往有明确的实际意义,并有专门的名称. 例如 π 称为圆周率,v 称为速率,ρ 称为密度,R 称为电阻,等等. 而对于一般函数 $y = f(x)$,当 $|x - x_0|$ 比较小时,称表达式

$$\frac{f(x) - f(x_0)}{x - x_0}$$

为"当自变量从 x_0 变到 x 时函数 $f(x)$ 的**变化率**".

在上面的四个例子中,除第一个以外,其他的都有均匀的假设(等速即速率均匀). 而在实际问题中,这个假设是很难成立的. 在多数精确度要求不太高的情况下,人们承认这种不均匀性,而把式(3.1)中的比例常数 k 称为函数 $f(x)$ 从 x_0 到 x 的"**平均变化率**"(到具体问题就是平均速率、平均密度、平均电阻等). 在一般情况下,这种平均值的精度随 $|x - x_0|$ 的减小而增加. 然而接着就出现了两个问题:第一个是理论方面的,因为从逻辑上说,平均变化率应该是"每一点的函数变化率"在某个区间上的平均值,但我们还没有说明什么是函数在一点的变化率,却先用了在某个区间上函数的"平均变化率". 第二个是

实际方面的,以速率为例,开普勒(Kepler)关于行星绕日的第二定律说:日星连线在相同的时段内扫过的面积相同.这就是说行星绕日的速率几乎每点都不同,于是就要求计算在"一点"的速率.这也是牛顿创建微积分的重要动力.

这两个问题实际上是一回事,也就是要先弄清楚函数在"一点"的变化率的含义,再谈它在一段区间上的平均值.

但在具体操作上,我们可能测到的几乎都是某一区间内的平均值.因此只能不断地缩短求平均的"区间",再借助极限的概念来求在"一点"处的函数变化率.我们从式(3.1)出发,这个式子定义了函数在$[x_0, x]$上的平均变化率.现在让其中的x_0固定,而点x与其距离越来越小,即x以任意方式趋于x_0,如果极限

$$\lim_{x \to x_0} \frac{f(x) - f(x_0)}{x - x_0} \tag{3.2}$$

存在,则称此极限为函数$f(x)$在点x_0处的**变化率**(对于具体问题,分别称为在这一点的瞬时速率、点密度、点电阻等).

从式(3.2)可以看出,这个极限存在的必要条件是$f(x)$在点x_0连续,否则分子部分不趋于0.

3.1.2 函数在一点的导数

函数在一点的变化率是一个数,关于它有一个很好的几何说明,这就是平面曲线在一点处切线的斜率.

如图 3.2,设曲线 S 表示函数 $y = f(x)$,$A(x_0, f(x_0))$ 为其上一点.设 $C(x, f(x))$ 为 S 上点 A 附近的另一个点,直线 AC 是曲线 S 的一条割线.从 x_0 到 x,函数的增量为 $f(x) - f(x_0) = CD = (x - x_0) \tan \angle CAD$,即平均变化率 $\frac{f(x) - f(x_0)}{x - x_0} = \tan \angle CAD$.现在使点 C 沿 S 趋向于 A(即 $x \to x_0$),则 $\angle CAD$ 趋于 $\angle BAD$.利用正切函数的连续性,即得

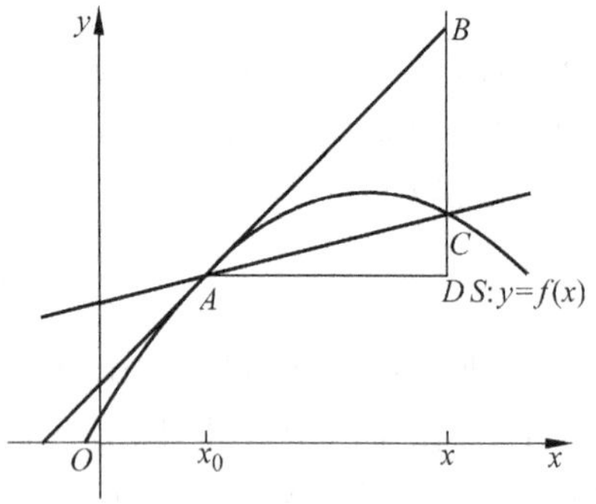

图 3.2

$$\lim_{x \to x_0} \tan \angle CAD = \tan \angle BAD = k. \tag{3.3}$$

我们把曲线 S 上过点 A 的一系列割线当 $x \to x_0$ 时的极限位置(如果存在的话)叫做 S 在点 A 的**切线**,它的斜率就是式(3.3)中的极限值,这个值也就是

函数在点 x_0 处的变化率.

定义 3.1 设函数 $y=f(x)$ 在 $x=x_0$ 处连续,如果下列极限存在
$$\lim_{h\to 0}\frac{f(x_0+h)-f(x_0)}{h}, \tag{3.4}$$
则称这个极限值为 $f(x)$ 在点 x_0 的**导数**(微商),记为 $f'(x_0)$ 或 $\left.\dfrac{dy}{dx}\right|_{x=x_0}$,$\left.\dfrac{df(x)}{dx}\right|_{x=x_0}$,$y'|_{x=x_0}$.

定义 3.2 如果函数 $f(x)$ 在点 x_0 的导数存在,则称函数在 x_0 处可导,如果它在区间 (a,b) 内的每一点都可导,则称 $f(x)$ 在 (a,b) 上可导.

* 如果区间是闭的,那么 $f(x)$ 在 $[a,b]$ 上可导,除了要求在 (a,b) 内每一点都可导以外,还要求在 $x_0=a$ 处,式(3.4)中的右极限存在,以及在 $x_0=b$ 处,式(3.4)中的左极限存在.

下面是一些基本初等函数的求导公式:

(1) $C'=0$(C 为不依赖于 x 的常数)

这是由于 $\dfrac{f(x_0+h)-f(x_0)}{h}=\dfrac{C-C}{h}=0$,所以 $h\to 0$ 时它的极限也是 0.

(2) $x'=1$

这是由于 $\dfrac{f(x_0+h)-f(x_0)}{h}=\dfrac{(x_0+h)-x_0}{h}=1$,所以 $h\to 0$ 时它的极限也是 1.

(3) $(\sin x)'=\cos x$

因为
$$\frac{\sin(x_0+h)-\sin x_0}{h}=\frac{2}{h}\left(\sin\frac{(x_0+h)-x_0}{2}\cdot\cos\frac{(x_0+h)+x_0}{2}\right)$$
$$=\frac{\sin(h/2)}{(h/2)}\cos\left(x_0+\frac{h}{2}\right),$$
当 $h\to 0$,右端的极限为 $\cos x_0$.

(4) $(x^n)'=nx^{n-1}$(n 为正整数)

因为
$$\frac{f(x_0+h)-f(x_0)}{h}=\frac{(x_0+h)^n-x_0^n}{h}$$
$$=\frac{(x_0+h-x_0)((x_0+h)^{n-1}+(x_0+h)^{n-2}x_0+\cdots+x_0^{n-1})}{h}$$
$$=(x_0+h)^{n-1}+(x_0+h)^{n-2}x_0+(x_0+h)^{n-3}x_0^2+\cdots$$
$$+(x_0+h)x_0^{n-2}+x_0^{n-1},$$

当 $h\to 0$，右端每一项的极限都是 x_0^{n-1}，所以此式的极限就是 nx_0^{n-1}.

此式中的 n 限为正整数，但实际上 n 为任何实数时这个等式对 $x>0$ 也成立，这里不加证明.

下面几个对基本初等函数求导的公式都不加证明.

(5) $(\cos x)'=-\sin x$.

(6) $(e^x)'=e^x$.

(7) $(\log_a x)'=\dfrac{1}{x\ln a}$ $(a>0,a\neq 1)$. 特别有 $(\ln x)'=\dfrac{1}{x}$.

(8) $(a^x)'=a^x\ln a$ $(a>0,a\neq 1)$.

习题 3.1

利用导数定义求下列函数的导数 $f'(x)$：

(1) $f(x)=3x+1$;　　　　(2) $f(x)=x^2+2$;

(3) $f(x)=\dfrac{1}{2x+1}$;　　　　(4) $f(x)=\sqrt{2x+1}$;

(5) $f(x)=\dfrac{x}{1+2x}$;　　　　(6) $f(x)=x^{-\frac{1}{3}}$;

(7) $f(x)=\sin x$;　　　　(8) $f(x)=\cos x$.

3.2 导数的运算

求函数在一点的导数就是求函数的平均变化率在这一点的极限，所以由导数的定义和极限的四则运算法则可以得到求导数的四则运算. 下面是这类运算的一些基本法则：

设函数 $f(x)$ 和 $g(x)$ 的导数都存在，则

(1) (和、差)　$(f(x)+g(x))'=f'(x)+g'(x)$;

(2) (数乘)　$(cf(x))'=cf'(x)$ (c 为不依赖于 x 的常数);

(3) (乘积)　$(f(x)g(x))'=f'(x)g(x)+f(x)g'(x)$;

(4) (商)　$\left(\dfrac{f(x)}{g(x)}\right)'=\dfrac{f'(x)g(x)-f(x)g'(x)}{g^2(x)}$, $(g(x)\neq 0)$;

* 注意：$(f(x)g(x))'\neq f'(x)g'(x)$；$\left(\dfrac{f(x)}{g(x)}\right)'\neq \dfrac{f'(x)}{g'(x)}$.

(5) (复合函数的链式法则)　设函数 $y=f(g(x))$ 是函数 $y=f(u)$ 和 $u=g(x)$ 的复合，g 在 x 处可导，而 f 在 $u=g(x)$ 处可导，则函数 y 关于 x 在 x 处

的导数为
$$f(g(x))' = f'(u)g'(x) = f'(g(x))g'(x);$$

(6)（反函数） 设函数 f,g 互为反函数($g=f^{-1}$)，则
$$(f^{-1}(x))' = \frac{1}{f'(f^{-1}(x))};$$

* 这是由于 $g(f(x))=x$，两边对 x 求导，得
$$g'(f(x))f'(x) = 1.$$
记 $f(x)=u, x=f^{-1}(u)$，上式成为
$$g'(u)f'(f^{-1}(u)) = 1.$$
把 u 换写为 x，就得到所要的结果.

(7)（对参变量表示的函数求导） 如果 y（或 x）作为 x（或 y）的函数，通过以下参数方程表示：
$$x = x(t), \quad y = y(t),$$
设 $x(t)$ 有反函数 $t=t(x)$，则 $y=y(t(x))=f(x)$. 根据复合函数和反函数求导法则，有
$$f'(x) = \frac{\mathrm{d}y}{\mathrm{d}x} = \frac{\mathrm{d}y}{\mathrm{d}t}\frac{\mathrm{d}t}{\mathrm{d}x} = \frac{\frac{\mathrm{d}y}{\mathrm{d}t}}{\frac{\mathrm{d}x}{\mathrm{d}t}}.$$

对时间参数 t 求导常用在函数符号上加一点来表示，即 $\frac{\mathrm{d}x}{\mathrm{d}t}=\dot{x}, \frac{\mathrm{d}y}{\mathrm{d}t}=\dot{y}$. 于是就有
$$f'(x) = \frac{\mathrm{d}y}{\mathrm{d}x} = \frac{\dot{y}}{\dot{x}}.$$

例 3.5 求函数 $\tan x, \cot x, \sec x, \csc x$ 的导数.

解
$$(\tan x)' = \left(\frac{\sin x}{\cos x}\right)' = \frac{\cos^2 x + \sin^2 x}{\cos^2 x} = \sec^2 x;$$
$$(\cot x)' = \left(\frac{\cos x}{\sin x}\right)' = \frac{-\sin^2 x - \cos^2 x}{\sin^2 x} = -\csc^2 x;$$
$$(\sec x)' = \left(\frac{1}{\cos x}\right)' = \frac{\sin x}{\cos^2 x} = \sec x \tan x;$$
$$(\csc x)' = \left(\frac{1}{\sin x}\right)' = \frac{-\cos x}{\sin^2 x} = -\csc x \cot x.$$

例 3.6 求 $f(x)=\sqrt{x}+\dfrac{1}{\sqrt{x}}+x\sqrt{x}$ 的导数.

解
$$f'(x) = \frac{1}{2\sqrt{x}} - \frac{1}{2x\sqrt{x}} + \frac{3}{2}\sqrt{x}.$$

例 3.7 求函数 $\arcsin x, \arctan x$ 的导数.

解 记 $y = \arcsin x$, 根据反函数的求导公式得

$$(\arcsin x)' = \frac{1}{(\sin y)'} = \frac{1}{\cos y} = \frac{1}{\sqrt{1-\sin^2 y}} = \frac{1}{\sqrt{1-x^2}};$$

记 $y = \arctan x$, 则

$$(\arctan x)' = \frac{1}{(\tan y)'} = \frac{1}{\sec^2 y} = \frac{1}{1+\tan^2 y} = \frac{1}{1+x^2}.$$

类似地可以求得

$$(\arccos x)' = -\frac{1}{\sqrt{1-x^2}}, \quad (\text{arccot}\, x)' = -\frac{1}{1+x^2}.$$

例 3.8 求函数 $y = \ln(\arctan x), y = \ln(x + \sqrt{1+x^2})$ 的导数.

解 根据复合函数的求导公式得

$$[\ln(\arctan x)]' = \frac{1}{\arctan x}(\arctan x)' = \frac{1}{(1+x^2)\arctan x};$$

$$[\ln(x + \sqrt{1+x^2})]' = \frac{1}{x + \sqrt{1+x^2}}\left(1 + \frac{1}{2\sqrt{1+x^2}}2x\right) = \frac{1}{\sqrt{1+x^2}}.$$

例 3.9 已知函数 $y = y(x)$ 由方程 $y = \sin(x+y)$ 确定, 求 $\dfrac{dy}{dx}$.

解 由于 $y = \sin(x+y)$, 将 y 看作是 x 的函数, 两端关于 x 求导得

$$\frac{dy}{dx} = \left(1 + \frac{dy}{dx}\right)\cos(x+y),$$

解得 $\dfrac{dy}{dx} = \dfrac{\cos(x+y)}{1 - \cos(x+y)}$.

例 3.10 求函数 $y = x^{\frac{1}{x}}$ 的导数.

解 根据 $y = x^{\frac{1}{x}}$ 得 $\ln y = \dfrac{\ln x}{x}$, 将 y 看作是 x 的函数, 两端关于 x 求导得

$$\frac{1}{y}y' = \frac{1 - \ln x}{x^2},$$

所以

$$y' = x^{\frac{1}{x}}\frac{1 - \ln x}{x^2}.$$

例 3.11 圆的参数方程是

$$\begin{cases} x = a\cos t \\ y = a\sin t, \end{cases}$$

求 $\dfrac{dy}{dx}$.

解

$$\begin{cases} \dfrac{\mathrm{d}x}{\mathrm{d}t} = -a\sin t = -y \\ \dfrac{\mathrm{d}y}{\mathrm{d}t} = a\cos t = x, \end{cases}$$

所以

$$\frac{\mathrm{d}y}{\mathrm{d}x} = \frac{\dfrac{\mathrm{d}y}{\mathrm{d}t}}{\dfrac{\mathrm{d}x}{\mathrm{d}t}} = \frac{x}{-y} = -\frac{x}{y}.$$

如果用直角坐标系,圆的方程是 $x^2+y^2=a^2$,解出 y 得到

$$y = \pm\sqrt{a^2-x^2},$$

$$\frac{\mathrm{d}y}{\mathrm{d}x} = \mp\frac{x}{\sqrt{a^2-x^2}} = -\frac{x}{\pm\sqrt{a^2-x^2}} = -\frac{x}{y}.$$

使用两种方法得到同样的结果.

例 3.12 已知函数 $y=y(x)$ 由 $\mathrm{e}^y-\mathrm{e}^{-x}+xy=0$ 确定,求曲线 $y=y(x)$ 在 $x=0$ 处的切线方程与法线方程.

解 由于 $\mathrm{e}^y-\mathrm{e}^{-x}+xy=0$,将 y 看作是 x 的函数,两端关于 x 求导得

$$\mathrm{e}^y y' + \mathrm{e}^{-x} + y + xy' = 0.$$

将 $x=0$ 代入原方程,解得 $y(0)=0$;将 $x=0, y(0)=0$ 代入上式,解得 $y'(0)=-1$.

根据导数的几何意义便知所求的切线方程为 $y=-x$;法线方程为 $y=x$.

例 3.13 求笛卡儿叶形线 $x^3+y^3=9xy$ 在点 $(2,4)$ 处的切线方程.

解 这个方程确定了 y 是 x 的函数,但它可能是多值的(即对确定的 x,对应的 y 不止一个),我们只能在点 $(2,4)$ 附近来考虑.方程两边对 x 求导,得

$$3x^2 + 3y^2 y' = 9y + 9xy',$$

把 (x,y) 用 $(2,4)$ 代入,得

$$12 + 48y' = 36 + 18y',$$

解得 $y' = \dfrac{4}{5}$.

于是过此点的切线方程为

$$y - 4 = \frac{4}{5}(x-2),$$

即

$$y = \frac{4}{5}x + \frac{12}{5}.$$

例 3.14 求心脏线 $\rho=1+\cos\theta$ 对应于 $\theta=\dfrac{\pi}{4}$ 的点处的切线和法线方程.

解 根据直角坐标与极坐标的关系得
$$\begin{cases} x=(1+\cos\theta)\cos\theta, \\ y=(1+\cos\theta)\sin\theta, \end{cases}$$

所以
$$\frac{\mathrm{d}y}{\mathrm{d}x}=-\frac{\cos\theta+\cos 2\theta}{\sin\theta+\sin 2\theta}.$$

当 $\theta=\dfrac{\pi}{4}$ 时,切点为 $\left(\dfrac{1+\sqrt{2}}{2},\dfrac{1+\sqrt{2}}{\sqrt{2}}\right)$,切线的斜率为 $1-\sqrt{2}$,所以切线方程为
$$y=(1-\sqrt{2})x+1+\frac{\sqrt{2}}{2},$$

法线方程为
$$y=(1+\sqrt{2})x+2+\frac{3\sqrt{2}}{2}.$$

例 3.15 下面是函数在一点处导数不存在的例子.

在区间 $[-1,1]$ 上定义函数 $y=|x|$,它在 $[-1,1]$ 连续,但在 $x=0$ 处,
$$\lim_{\substack{h\to 0 \\ h>0}}\frac{f(0+h)-f(0)}{h}=\lim_{\substack{h\to 0 \\ h>0}}\frac{h}{h}=1;$$

而
$$\lim_{\substack{h\to 0 \\ h<0}}\frac{f(0-h)-f(0)}{h}=\lim_{\substack{h\to 0 \\ h<0}}\frac{-h}{h}=-1.$$

左右极限不相等,所以极限 $\lim\limits_{h\to 0}\dfrac{f(0+h)-f(0)}{h}$ 不存在,即在这一点 $f(x)=|x|$ 的导数不存在. 从图 3.3 上看曲线在这里有一个尖点(不光滑点).

图 3.3 为函数 $f(x)=\begin{cases} x, & x\geqslant 0. \\ -x, & x<0. \end{cases}$ 的图形.

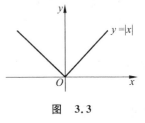

图 3.3

习题 3.2

1. 计算下列函数的导数:

   (1) $f(x)=4x^3+3x^2+2x+1$;   (2) $f(x)=(2x+1)(3x+2)$;

(3) $f(x)=\dfrac{x^2-1}{x^2+1}$;

(4) $f(x)=\dfrac{x}{x^2+2}$;

(5) $f(x)=\dfrac{x^2}{x+1}$;

(6) $f(x)=\dfrac{1}{\left(x+\dfrac{1}{x}\right)^2}$;

(7) $f(x)=\dfrac{1}{(2x+1)^3}$;

(8) $f(x)=\sqrt{3x+1}$;

(9) $f(x)=\mathrm{e}^x\sin x$;

(10) $f(x)=\mathrm{e}^x\ln x$;

(11) $f(x)=\sqrt{x}\tan x$;

(12) $f(x)=x^2\ln x$.

2. 计算下列函数的导数：

(1) $f(x)=2\sin^3 x$;

(2) $f(x)=\cos^4 x^3$;

(3) $f(x)=\mathrm{e}^{\frac{1}{x}}$;

(4) $f(x)=\mathrm{e}^{\sqrt{x}}$;

(5) $f(x)=\tan(\sin x)$;

(6) $f(x)=\sec(\sin x)$;

(7) $f(x)=\ln(x+\sqrt{1+x^2})$;

(8) $f(x)=\ln(\sin x)$;

(9) $f(x)=\arcsin\left(\dfrac{x}{a}\right)$;

(10) $f(x)=a^{\arcsin x}$;

(11) $f(x)=\arctan\left(\dfrac{x}{a}\right)$;

(12) $f(x)=\ln(\arctan x)$.

3. 计算下列函数的导数 $\dfrac{\mathrm{d}y}{\mathrm{d}x}$：

(1) $x^3+y^3=1$;

(2) $\sqrt{x}+\sqrt{y}=1$;

(3) $\cos(x+y)=\sin x\sin y$;

(4) $x\sin y+y\sin x=1$;

(5) $\dfrac{1}{x+1}+\dfrac{1}{y+1}=1$;

(6) $\dfrac{1}{x^3}+\dfrac{1}{y^3}=2$;

(7) $y=x^x$;

(8) $y=\sin x^{\cos x}$;

(9) $\begin{cases}x=2t,\\ y=t^2+2t+1;\end{cases}$

(10) $\begin{cases}x=2\mathrm{e}^t,\\ y=\sin t.\end{cases}$

4. 求下列曲线过指定点的切线方程和相应切点处的法线方程：

(1) $y=x^3$, $P(2,8)$;

(2) $y=x^2$, $P(0,-1)$;

(3) $y=\mathrm{e}^x$, $P(1,\mathrm{e})$;

(4) $y=\ln x$, $P(0,0)$;

(5) $y=\sin x$, $P(\pi,0)$;

(6) $y=\tan x$, $P(0,0)$;

(7) $y=\cos^2 x$, $P\left(\dfrac{\pi}{4},\dfrac{1}{2}\right)$;

(8) $y=\sqrt{x}$, $P(-1,0)$;

(9) $x^2+y^2=25$, $P(3,-4)$;

(10) $(x^2+y^2)^3=8x^2y^2$, $P(1,-1)$;

(11) $\begin{cases}x=\ln t,\\ y=\ln^2 t+t,\end{cases}$ $P(1,\mathrm{e}+1)$;

(12) $\rho=\sin 2\theta$, $P\left(\dfrac{\sqrt{2}}{2},\dfrac{\sqrt{2}}{2}\right)$.

3.3 导函数与函数的高阶导数

设函数 $f(x)$ 在 (a,b) 内有定义,并在 (a,b) 中的每一点 x 都有导数 $f'(x)$,这种对应就定义了一个新的函数关系 $g: y=g(x)=f'(x)$,并称这个函数为 $f(x)$ 的**导函数**,记为 $y=f'(x)$(见图 3.4).

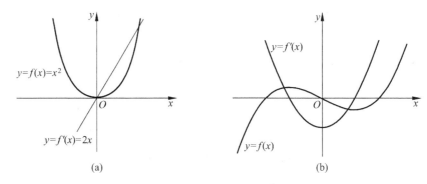

图 3.4 函数 $f(x)$ 与其导函数 $f'(x)$ 的图形

如果导函数 $f'(x)$ 还是一个 (a,b) 中的可导函数,那么它也有导函数 $(f'(x))'$,把后者记为 $f''(x)$,并称之为 $f(x)$ 的二阶导函数(在不致造成误解的情况下,导函数有时也简称导数).

可以同样定义一个函数 $f(x)$ 的 n 阶导函数 $f^{(n)}(x)$.

例 3.16 求 $f(x)=x^2+2x+3$ 的二阶导数.

解 $f'(x)=2x+2$,$f''(x)=2$.

例 3.17 求 $f(x)=xe^{x^2}$ 的二阶导数.

解 $f'(x)=e^{x^2}+2x^2 e^{x^2}=(1+2x^2)e^{x^2}$,

$f''(x)=4xe^{x^2}+2x(1+2x^2)e^{x^2}=(6x+4x^3)e^{x^2}$.

例 3.18 已知物体的运动规律为 $s=A\sin(\omega t+\varphi)$,求物体运动的加速度.

解 物体的运动速度为

$$v=\frac{ds}{dt}=A\omega\cos(\omega t+\varphi),$$

加速度为

$$a=\frac{dv}{dt}=\frac{d^2 s}{dt^2}=-A\omega^2\sin(\omega t+\varphi).$$

例 3.19 已知函数 f 具有二阶连续导数,$y=f(\mathrm{e}^x)$,求 y''.

解 $y'=f'(\mathrm{e}^x)\mathrm{e}^x$,$y''=f''(\mathrm{e}^x)\mathrm{e}^{2x}+f'(\mathrm{e}^x)\mathrm{e}^x$.

例 3.20 已知函数 $y=y(x)$ 由方程 $x-y+\dfrac{1}{2}\sin y=0$ 确定,求 y''.

解 由于 $x-y+\dfrac{1}{2}\sin y=0$,将 y 看作是 x 的函数,两端关于 x 求导得

$$1-y'+\frac{1}{2}y'\cos y=0.$$

将 y,y' 看作是 x 的函数,再对上式两端关于 x 求导得

$$-y''+\frac{1}{2}y''\cos x-\frac{1}{2}(y')^2\sin x=0,$$

将

$$y'=\frac{1}{1-\dfrac{1}{2}\cos y}$$

代入并整理,得

$$y''=\frac{-\dfrac{1}{2}\sin y}{\left(1-\dfrac{1}{2}\cos y\right)^3}.$$

例 3.21 求 $f(x)=a^x$ 的 n 阶导数.

解 $$f'(x)=(a^x)'=a^x\ln a,$$
$$f''(x)=(a^x\ln a)'=a^x\ln^2 a,$$
$$\vdots$$
$$f^{(n)}(x)=a^x\ln^n a.$$

例 3.22 求 $f(x)=\dfrac{1}{1+x}$ 的 n 阶导数.

解 $$f'(x)=\frac{-1}{(1+x)^2},$$
$$f''(x)=\frac{(-1)\times(-2)}{(1+x)^3},$$
$$\vdots$$
$$f^{(n)}(x)=\frac{(-1)\times(-2)\times\cdots\times(-n)}{(1+x)^{n+1}}=\frac{(-1)^n n!}{(1+x)^{n+1}}.$$

例 3.23 求 $f(x)=\ln(1+x)$ 的 n 阶导数.

解 由于 $f'(x)=\dfrac{1}{1+x}$,所以

$$f^{(n)}(x)=\left(\frac{1}{1+x}\right)^{(n-1)}=\frac{(-1)^{n-1}(n-1)!}{(1+x)^n}.$$

例 3.24 求 $f(x)=\sin x$ 的 n 阶导数.

解 $f'(x)=(\sin x)'=\cos x=\sin\left(x+\dfrac{\pi}{2}\right),$

$f''(x)=\left[\sin\left(x+\dfrac{\pi}{2}\right)\right]'=\cos\left(x+\dfrac{\pi}{2}\right)=\sin\left(x+2\times\dfrac{\pi}{2}\right),$

$\vdots$

$f^{(n)}(x)=\sin\left(x+\dfrac{n\pi}{2}\right).$

例 3.25 求 $f(x)=\dfrac{1}{(x+1)(x+2)}$ 的 n 阶导数.

解 由于
$$f(x)=\dfrac{1}{(x+1)(x+2)}=\dfrac{1}{x+1}-\dfrac{1}{x+2},$$

且
$$\left(\dfrac{1}{x+1}\right)^{(n)}=\dfrac{(-1)^n n!}{(x+1)^{n+1}},$$
$$\left(\dfrac{1}{x+2}\right)^{(n)}=\dfrac{(-1)^n n!}{(x+2)^{n+1}},$$

所以
$$f^{(n)}(x)=\left(\dfrac{1}{x+1}-\dfrac{1}{x+2}\right)^{(n)}=\left(\dfrac{1}{x+1}\right)^{(n)}-\left(\dfrac{1}{x+2}\right)^{(n)}$$
$$=(-1)^n n!\left[\dfrac{1}{(x+1)^{n+1}}-\dfrac{1}{(x+2)^{n+1}}\right].$$

习题 3.3

1. 计算下列函数的二阶导数 y''：

(1) $y=e^{2x}$；

(2) $y=x^2+\ln x$；

(3) $y=x\sin x$；

(4) $y=xe^x$；

(5) $y=\ln(x^2-1)$；

(6) $y=\dfrac{x}{1+x^2}$；

(7) $y=x\cos x^2$；

(8) $y=(1+x^2)\arctan x$；

(9) $x^2+xy+y^2=3$；

(10) $\sin y=xy$；

(11) $(x^2-y^2)^2=4xy$；

(12) $x^{\frac{1}{3}}+y^{\frac{1}{3}}=1$；

(13) $y=f(x^2)$ ($f''(x)$存在)；

(14) $y=\ln(f(x))$ ($f''(x)$存在).

2. 已知 $g(x)$ 是 $f(x)$ 的反函数,若 $f''(x)$ 存在且 $f'(x) \neq 0$,试求 $g''(x)$.

3. 求下列函数的 n 阶导数:

(1) $y = x^k$ (k 为正整数);   (2) $y = x \ln x$;

(3) $y = \sin^2 x$;   (4) $y = \dfrac{1}{1-x^2}$.

4. 设 $f(x) = \begin{cases} x^4 \sin \dfrac{1}{x}, & x \neq 0, \\ 0, & x = 0, \end{cases}$ 求 $f'(0), f''(0)$.

3.4 导数的应用

3.4.1 函数的图形

在这一节中,总是假定所出现的函数至少有二阶导数.因为函数在一点导数数值的大小只依赖于函数本身在这一点及其附近点的值(由于它是一个极限过程),我们称这种性质为"函数的局部性质".现在要用导数来研究函数的图形,也只能讨论函数图形在一点附近的性态.

函数 $f(x)$ 在点 c 的导数有三种情况:(1) $f'(c) = 0$;(2) $f'(c) > 0$;(3) $f'(c) < 0$.从几何上看,由于 $f'(c)$ 表示函数曲线在点 c 处切线的斜率,所以情况(1)表示在点 c 切线是水平的;情况(2)表示切线与水平线(x 轴)有交角 α,$0 < \alpha < \pi/2$;情况(3)则表示切线与 x 轴交角的正切值为负(见图 3.5).

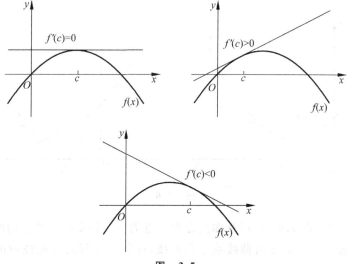

图 3.5

可以看出，在情况(1)中，函数的图形在点 c 附近都位于其切线之下，或者都位于其切线之上。前者我们说函数在点 c 取相对极大值(或局部极大值，意思是指这个极大只是对函数在点 c 的附近而言)。后者就说函数在点 c 取相对极小值(或局部极小值)。

定义 3.3 设函数 $f(x)$ 在 $x=c$ 的某个邻域 U_c 中有定义，如果 $\forall x \in U_c, f(x) \geqslant f(c)$(或 $f(x) \leqslant f(c)$)，就说 c 是 $f(x)$ 的一个(相对)极小(或极大)点，而称函数值 $f(c)$ 为(相对)极小值(或极大值)，统称极值点和极值。

* 如果函数定义于闭区间 $[a,b]$，根据定义，它的极值点只能在 (a,b) 内出现。因为只有 (a,b) 内的点才能有完全包含于 (a,b) 内的邻域。

* 情况(1)还有一种可能，那就是函数的图形在点 c 的一侧位于其切线的上方，而在点 c 的另一侧则位于其切线的下方。这种情况是下面即将提到的拐点。所有满足条件 $f'(a)=0$ 的点 a，都称为是函数 f 的**驻点**。

对于情况(2)，由于切线向上倾斜，函数曲线在点附近也向上增长，这时曲线在点 c 附近是一个严格单调增加的函数。

与情况(2)相反，从情况(3)可以看出，这时函数曲线在点 c 附近是一个严格单调减少的函数。

下面讨论二阶导数。也有三种情况：(1) $f''(c)>0$；(2) $f''(c)<0$；(3) $f''(c)=0$。

由于 $f''(x)$ 是函数 $f'(x)$ 的导函数，根据上面对一阶导数的分析，在情况(1)中，$f'(x)$ 在 $x=c$ 附近是单调增加的函数，即曲线 $y=f(x)$ 的切线斜率在 $x=c$ 附近单调增加(见图 3.6)。

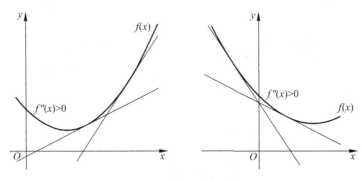

图 3.6

如果在区间 (a,b) 内，函数曲线在每一点的切线斜率随自变量的增加而增加，这类曲线就叫做**上弯曲线**或**下凸曲线**，在每一点都具有此性质的函数就叫做**下凸函数**. 典型的下凸函数有 $f(x)=x^2$.

情况(2)正好相反,即在点 c 附近,函数曲线切线的斜率单调减少,从而切线与 x 轴的交角,随自变量的增加而减小(见图 3.7). 如果在一个区间内的每一点函数都有这个性质,这种曲线就叫做**下弯曲线**或**上凸曲线**,函数就叫做**上凸函数**. 典型的上凸函数有 $f(x)=-x^2$.

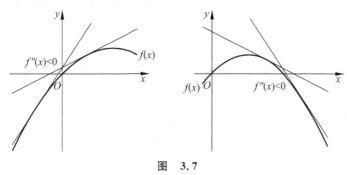

图　3.7

情况(3)说明函数 $f'(x)$ 在点 c 取相对极值,即可能在 c 的左边,函数值随 x 的增加而增加(或减少),而在 c 的右边,函数值则随 x 的增加而减少(或增加). 前者说明 $f'(x)$ 在点 c 达到相对极大,而后者就是 $f'(x)$ 在点 c 达到相对极小;所以满足 $f''(c)=0$ 的点 c 常常是曲线下凸($f''>0$)和上凸($f''<0$)的分界点,因而称它为**拐点**.

总结一下用函数导数的符号来分析函数在一点的局部性态,可列成表格,见表 3.1.

表　3.1

f'' \ f'	正	负	零
正	╱	╲	∪
负	╱	╲	∩
零	╱	╲	

* 从表 3.1 可以看出,函数的一阶导数在一点为 0 是函数在这一点取相对极大(小)值的必要条件,但不是充分条件;再加上"二阶导数取负(正)值"这个条件,合起来就是函数在这个点取相对极大(小)值的一个充分条件,但不是必

要条件. 读者不妨自己举例说明.

例 3.26 画出函数 $y=f(x)=1/x$ 的图形.

解 这是一条双曲线,它的图形就是图 1.8. 这里看一下怎样对它进行分析.

首先,它的定义域是 $(-\infty,\infty)\setminus\{0\}$;其次,它是奇函数,所以关于原点对称,$x$ 与 y 同号,所以曲线位于一、三象限;第三,它不是周期函数,但有下面的极限性质:
$$\lim_{x\to 0^{\pm}} f(x) = \pm\infty, \quad \lim_{x\to \pm\infty} f(x) = 0.$$
第一个极限说明曲线以 $x=0$ 为第二类间断点,而且当 x 从左或右趋于原点时,曲线从左边或右边趋于 y 轴(即直线 $x=0$),曲线与直线 $x=0$ 的水平距离越来越小. 第二个极限说明当 $x\to\pm\infty$ 时,曲线趋于 x 轴(即直线 $y=0$),曲线与直线 $y=0$ 的垂直距离越来越小.

再看一阶和二阶导数,$y'=-1/x^2<0$,所以它一直是严格单调减少的;而 $y''=2/x^3$,它在 $x<0$ 时为负,即曲线上凸;在 $x>0$ 时为正,即曲线下凸.

综合以上的信息,就可得出形如图 1.8 的草图.

定义 3.4 如果当 $x\to c$ 时,函数 $f(x)$ 趋于正(或负)无穷,则直线 $x=c$ 称为曲线 $f(x)$ 的一条**垂直渐近线**;如果 x 趋于正(或负)无穷时,$f(x)$ 趋于极限 C,则直线 $y=C$ 称为曲线 $f(x)$ 的一条**水平渐近线**.

例 3.27 试画出下面函数的图形.
$$f(x) = x^3 + 2x^2 - x - 2, \quad x \in (-\infty, +\infty).$$

解 这是一个多项式函数,它的定义域是整个实数轴,不是奇或偶函数,没有对称性和周期性,也没有水平或垂直渐近线.

它的各阶导数都存在. 先求满足函数本身及其一阶、二阶导数为 0 的点:

$f(x)=0$,解得 $x=-2,-1,1$.

$f'(x)=3x^2+4x-1=0$,解得 $x=-\dfrac{2}{3}\pm\dfrac{\sqrt{7}}{3}\approx -1.54$ 或 0.22.

$f''(x)=6x+4=0$,解得 $x=-\dfrac{2}{3}\approx -0.67$.

此外,当 $x\to-\infty$ 时,$f(x)\to-\infty$;$x\to+\infty$ 时,$f(x)\to+\infty$.

于是我们可以粗略地描画这个函数的图形:在负 x 轴的远处,随着 x 的增加,图形在第三象限的下方逐渐上升,而且保持上凸. 直到 $x=-2$,曲线第一次与 x 轴相交,然后进入第二象限. 到了 $x\approx-1.54$,曲线达到它的第一个局部极值,它是一个极大值(峰值),因为在这一点二阶导数为负.过此点后曲线开始下降,到了 $x=-1$,曲线第二次与 x 轴相交,然后进入第三象限.再往前,到了曲线的拐点 $x\approx -0.67$,这时一直是上凸的曲线一过这点就改为上弯(下凸),并且此后再也不会改变(因为只有一个拐点).x 继续往前,曲线也继续下降.在 $x\approx 0.22$ 处曲线到达第二个局部极值,它是一个极小值(谷值),因为在此函数的二阶导数为正.过了这一点以后,曲线就一直上升.在 $x=1$ 处越过 x 轴进入第一象限.此后曲线一直在第一象限保持单调增加(上升),下凸,直到趋于无穷(见图 3.8).以上这些信息可以列成表,见表 3.2.

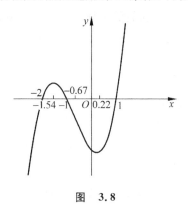

图 3.8

表 3.2

x	$(-\infty,-1.54)$	-1.54	$(-1.54,-0.67)$	-0.67	$(-0.67,0.22)$	0.22	$(0.22,+\infty)$
$f'(x)$	正	0	负	负	负	0	正
$f''(x)$	负	负	负	0	正	正	正
$f(x)$	单增、上凸	极大	单减、上凸	拐点	单减、下凸	极小	单增下凸

通过这两个例子,我们小结一下函数画图的大致步骤:

(1) 确定函数的定义域,研究它的奇偶性、对称性、周期性、连续性、零点以及水平和垂直渐近线;

(2) 求导数,确定驻点和单调变化的区间;

(3) 求二阶导数,确定上、下凸区间和拐点.

3.4.2 函数的极值和最值

在 2.2.3 节中提到,一个在闭区间 $[a,b]$ 上连续的函数一定在某一点 c (称为**最小值点**,可能不止一点)取到最小值(还有最大值,这里先不讨论),即 $\exists c\in [a,b]$,使得 $\forall x\in [a,b]$,$f(c)\leqslant f(x)$.后面的不等式作用到整个闭区间,和本章中所讨论的相对极小值只作用到极值点的一个邻域是不同的.

如何求一个函数在闭区间中的最小值点,这是人们所关注的.当然,最小值点也是相对极小值点.也许我们可以在极小值点中挑出最小值点,而在函数可导的条件下,极小值点又可以从函数所有的驻点(方程 $f'(x)=0$ 所有的解)中挑选出来．因而只要在$[a,b]$中函数驻点的个数有限，总可以通过比较，从中找出函数的最小值点来．

从函数的全体驻点中挑出它的最小值点是可行的，但不可忘记还有不是驻点的最小值点，它们包括：(1)函数不可导的点．例如在$[-1,1]$上的函数$y=|x|$，它在$[-1,1]$连续但在$x=0$处导数不存在，因而它不是驻点，但它正好是函数的最小值点．(2)闭区间的端点a,b．我们知道，驻点不包括端点，而函数的最小值点有时就是端点，例如在$[0,1]$上的函数$y=x$，最小值点就在端点$x=0$，它不是驻点．

因此，在闭区间上连续函数的最小值点应该在下列三类点中来寻找：函数的驻点，函数不可导的点和区间的端点．

例 3.28 求函数$f(x)=\dfrac{1}{3}x^3-x^2-3x+1$的极值．

解 此函数没有不可导点，由
$$f'(x)=x^2-2x-3=(x+1)(x-3)=0$$
得$x_1=-1,x_2=3$．

当$x<-1$时，$f'(x)>0$；当$-1<x<3$时，$f'(x)<0$，所以$f(-1)=\dfrac{8}{3}$是函数极大值．类似地可知$f(3)=-8$是函数的极小值．

例 3.29 求函数$f(x)=x^3(x-1)^2$的极值点．

解 此函数没有不可导的点，由
$$f'(x)=3x^2(x-1)^2+2x^3(x-1)=x^2(x-1)(5x-3)=0$$
得$x_1=0,x_2=\dfrac{3}{5},x_3=1$．

由于在$x_1=0$的左右两侧一阶导数不变号，所以$x_1=0$不是函数的极值点；当$x<\dfrac{3}{5}$时，$f'(x)>0$；当$\dfrac{3}{5}<x<1$时，$f'(x)<0$，所以$x_2=\dfrac{3}{5}$是极大值点；类似地可知$x_3=1$是函数的极小值点．

例 3.30 求函数$f(x)=x^3-\dfrac{3}{2}x^2-6x+10$在$[-3,3]$上的最大、最小值．

解 此函数没有不可导的点，由
$$f'(x)=3x^2-3x-6=3(x+1)(x-2)=0$$
得$x_1=-1,x_2=2$．

因为$f(-3)=-\dfrac{25}{2},f(-1)=\dfrac{27}{2},f(2)=0,f(3)=\dfrac{11}{2}$，所以函数在$[-3,3]$

上的最大值为 $f(-1)=\dfrac{27}{2}$,最小值为 $f(-3)=-\dfrac{25}{2}$,它在左端点取到.

例 3.31 三角形 D 由 $y=3x, y=30-2x, y=0$ 围成,长方形 A 是三角形 D 的内接长方形,且一边与 x 轴重合,求长方形 A 的面积的最大值.

解 如图 3.9,设长方形 A 的左顶点的横坐标为 x,则 A 的高是 $3x$,右顶点的横坐标是 $15-\dfrac{3}{2}x$,所以长方形 A 的面积为 $S=3x\left(15-\dfrac{5}{2}x\right)$,其中 $0\leqslant x\leqslant 6$.

由 $S'=45-15x=0$ 得惟一驻点 $x=3$,由于 $S''=-15<0$,所以 $x=3$ 是 S 的最大值点,从而 S 的最大值是 $S|_{x=3}=\dfrac{135}{2}$.

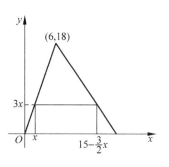

图 3.9

例 3.32 某公司每件产品的价格是 1500 元,一年生产 x 件产品的总成本是 $9+3x+0.015x^2$,假设产品当年都能售出,求此公司的最大年利润.

解 公司的年利润 P 与产量 x 的关系为
$$P=1500x-(9+3x+0.015x^2)=1497x-9-0.015x^2,$$
由 $P'=1497-0.03x=0$ 得惟一驻点 $x=49\,900$,由于 $S''=-0.03<0$,所以 $x=49\,900$ 是 P 的最大值点,从而公司的最大年利润是
$$P|_{x=49\,900}=37\,350\,141(元).$$

例 3.33 某种疾病的传播模型为 $f(t)=\dfrac{p}{1+c\mathrm{e}^{-t}}$(图形见图 1.34),其中 p 是总人口数,c 是固定常数,$f(t)$ 是到 t 时刻感染该病的总人数.求传播速率最大时,感染该病的总人数.

解 该疾病的传播速率是
$$f'(t)=\dfrac{pc\mathrm{e}^{-t}}{(1+c\mathrm{e}^{-t})^2},$$
由
$$f''(t)=\dfrac{pc\mathrm{e}^{-t}(c\mathrm{e}^{-t}-1)}{(1+c\mathrm{e}^{-t})^3}=0$$
得 $t=\ln c$.

当 $t<\ln c$ 时,$f''(t)>0$;当 $t>\ln c$ 时,$f''(t)<0$,所以 $t=\ln c$ 是 $f'(t)$ 的惟一极值点,从而是最值点.这时的感染人数是 $f(\ln c)=\dfrac{p}{2}$.

例 3.34 设有 10 000 元资金可用于广告宣传或产品开发.当投入广告

宣传和产品开发的资金分别为 x 和 y 时,得到的回报是 $P=x^{\frac{1}{3}}y^{\frac{2}{3}}$. 若想得到最大的回报,投到产品开发的资金应为多少?

解 由于 $x+y=10\,000$,所以
$$P=x^{\frac{1}{3}}y^{\frac{2}{3}}=(10\,000-y)^{\frac{1}{3}}y^{\frac{2}{3}},\quad 0\leqslant y\leqslant 10\,000.$$
考虑 $P^3=(10\,000-y)y^2$,由
$$(P^3)'=20\,000y-3y^2=0$$
得
$$y_1=0,\quad y_2=\frac{20\,000}{3}.$$
由于当 $y<\dfrac{20\,000}{3}$ 时,$(P^3)'>0$;当 $y>\dfrac{20\,000}{3}$ 时,$(P^3)'<0$,所以 $y_2=\dfrac{20\,000}{3}$ 是 P^3 的极大值点,从而也是 P 的极大值点. 故当投到产品开发的资金为 $\dfrac{20\,000}{3}$ 元时,得到的回报最大.

例 3.35 证明当 $x>0$ 时,$\sin x > x - \dfrac{x^3}{6}$.

证明 记 $f(x)=\sin x - x + \dfrac{x^3}{6}$,则
$$f'(x)=\cos x-1+\frac{x^2}{2},$$
$$f''(x)=-\sin x+x.$$
当 $x>0$ 时,由 $f''(x)=x-\sin x>0$ 可知 $f'(x)$ 严格单调增加,又因为 $f'(0)=0$,所以 $f'(x)>0$,从而 $f(x)$ 严格单调增加.

由于 $f(0)=0$,所以当 $x>0$ 时,有 $f(x)>0$ 成立,即 $\sin x-x+\dfrac{x^3}{6}>0$ 成立. 结论得证.

例 3.36 证明方程 $5\ln x-x=0$ 有且仅有两个不同实根.

证明 记 $f(x)=5\ln x-x$,则
$$f'(x)=\frac{5}{x}-1,$$
由 $f'(x)=0$ 得 $x=5$,且当 $x\in(0,5)$ 时,$f'(x)>0$,当 $x\in(5,+\infty)$ 时,$f'(x)<0$,所以 $f(x)$ 在 $(0,5]$ 上严格单调增加,在 $[5,+\infty)$ 上严格单调减少,$f(5)=5(\ln 5-1)>0$ 是 $f(x)$ 在 $(0,+\infty)$ 上的最大值. 又因为
$$\lim_{x\to 0^+}f(x)=\lim_{x\to 0^+}(5\ln x-x)=-\infty,$$
$$\lim_{x\to +\infty}f(x)=\lim_{x\to +\infty}(5\ln x-x)=-\infty,$$

所以存在 $x_1 \in (0,5), x_2 \in (5, +\infty)$,使得
$$f(x_1) = f(x_2) = 0,$$
即 x_1, x_2 是 $f(x)=0$ 的两个不同实根.

根据单调性又知方程 $f(x)=0$ 也只有这两个不同实根.结论得证.

3.4.3 函数不定式的极限

分母不能为零,这是进行数值运算的基本法则,实数的极限运算也不能例外.但如果分子分母的极限同时为零,如对连续函数在一点求其导数那样(尽管极限可能不存在),又例如 $\lim\limits_{x \to 1} \dfrac{x^2-1}{x-1}$, $\lim\limits_{x \to 0} \dfrac{\sin x}{x}$,则又当别论.这种情况,人们称之为 $\dfrac{0}{0}$ 型的"不定式".下面介绍一种求 $\dfrac{0}{0}$ 型不定式的常用办法——洛必达法则.

洛必达(L'Hospital)**法则** 假设:(1)函数 $f(x), g(x), f'(x), g'(x)$ 都在包含 a 点的某个开区间内连续,且 $g'(x) \neq 0$;(2) $\lim\limits_{x \to a} f(x) = \lim\limits_{x \to a} g(x) = 0$;(3) $\lim\limits_{x \to a} \dfrac{f'(x)}{g'(x)} = c$. 则
$$\lim_{x \to a} \frac{f(x)}{g(x)} = \lim_{x \to a} \frac{f'(x)}{g'(x)} = c.$$

证明 由(2)可知 $f(a) = g(a) = 0$,因而
$$\frac{f(x)}{g(x)} = \frac{f(x) - f(a)}{g(x) - g(a)} = \frac{\dfrac{f(x) - f(a)}{x - a}}{\dfrac{g(x) - g(a)}{x - a}}.$$

两边取极限,有
$$\lim_{x \to a} \frac{f(x)}{g(x)} = \lim_{x \to a} \frac{\dfrac{f(x) - f(a)}{x - a}}{\dfrac{g(x) - g(a)}{x - a}} = \frac{\lim\limits_{x \to a} \dfrac{f(x) - f(a)}{x - a}}{\lim\limits_{x \to a} \dfrac{g(x) - g(a)}{x - a}}$$
$$= \frac{f'(a)}{g'(a)} = \lim_{x \to a} \frac{f'(x)}{g'(x)} = c.$$

请读者自己说明上面一系列等式成立的理由.

例 3.37 求 $\lim\limits_{x \to 1} \dfrac{x^3 - 2x + 1}{x^3 + x^2 + 5x - 7}$.

解 在 $x \to 1$ 时,这是一个 $\dfrac{0}{0}$ 型的不定式,根据洛必达法则得

$$\lim_{x\to 1}\frac{x^3-2x+1}{x^3+x^2+5x-7}=\lim_{x\to 1}\frac{3x^2-2}{3x^2+2x+5}=\frac{1}{10}.$$

洛必达法则假设了 $g'(a)\neq 0$. 如果 $g'(a)=0$ 且而 $f'(a)=0$, 甚至函数 $f(x),g(x)$ 的更高阶导数在 a 处都为 0, 人们常用以下更为一般的洛必达法则.

如果函数 $f(x),g(x)$ 本身及其直到 n 阶的导数都在 $x=a$ 处连续, 而且 $f(a)=f'(a)=\cdots=f^{(n-1)}(a)=0$; $g(a)=g'(a)=\cdots=g^{(n-1)}(a)=0$, 但 $g^{(n)}(a)\neq 0$, 则下列等式成立:

$$\lim_{x\to a}\frac{f(x)}{g(x)}=\lim_{x\to a}\frac{f^{(n)}(x)}{g^{(n)}(x)}.$$

这个等式可由本书稍后所讲的泰勒展开式(4.3.1)直接推出.

利用洛必达法则, 可以得到一些在 $x\to 0$ 处的等价无穷小. 在求某些函数 $x\to 0$ 的极限过程中有时可以起相互取代的作用. 下面这些等价关系请读者自己验证.

(1) $\sin x \sim x$;

(2) $1-\cos x \sim \dfrac{x^2}{2}$;

(3) $\ln(1+x) \sim x$;

(4) $a^x-1 \sim x\ln a$ $(a>0, a\neq 1)$;

(5) $(1+x)^a - 1 \sim ax$.

例 3.38 求 $\lim\limits_{x\to 0}\dfrac{x-x\cos x}{x-\sin x}$.

解 在 $x\to 0$ 时, 这是一个 $\dfrac{0}{0}$ 型的不定式, 根据洛必达法则得

$$\lim_{x\to 0}\frac{x-x\cos x}{x-\sin x}=\lim_{x\to 0}\frac{1-\cos x+x\sin x}{1-\cos x}=\lim_{x\to 0}\frac{2\sin x+x\cos x}{\sin x}$$
$$=\lim_{x\to 0}\frac{3\sin x-x\cos x}{\sin x}=3.$$

另外, 也可直接利用上述等价无穷小关系(2), 第二个等式可被替换为

$$\lim_{x\to 0}\left(1+\frac{2\sin x}{x}\right)=3.$$

* 除了 $\dfrac{0}{0}$ 型的未定式以外, 还有 $\dfrac{\infty}{\infty}$ 型的未定式, 对此也有洛必达法则, 除了把前面洛必达法则中第(2)条假设中的极限值 0 改为 ∞ 以外, 其他假设和结论都不变.

洛必达法则中的极限过程 $x\to 0$ 可以换成 $x\to\infty$, 结论不变. 这是由于通过代换 $t=1/x$, $x\to\infty$ 变为 $t\to 0$, 于是

$$\lim_{x\to\infty}\frac{f(x)}{g(x)}=\lim_{t\to 0}\frac{f(1/t)}{g(1/t)}=\lim_{t\to 0}\frac{f'(1/t)(-1/t^2)}{g'(1/t)(-1/t^2)}=\lim_{x\to\infty}\frac{f'(x)}{g'(x)}.$$

例 3.39 求 $\lim\limits_{x\to+\infty}\dfrac{\ln x}{x^k}$ $(k>0)$.

解 在 $x\to+\infty$ 时,这是一个 $\dfrac{\infty}{\infty}$ 型的不定式,根据洛必达法则得

$$\lim_{x\to+\infty}\frac{\ln x}{x^k}=\lim_{x\to+\infty}\frac{\dfrac{1}{x}}{kx^{k-1}}=\lim_{x\to+\infty}\frac{1}{kx^k}=0.$$

例 3.40 求 $\lim\limits_{x\to 0^+}\left(\dfrac{1}{x}\right)^{\sin x}$.

解 在 $x\to 0^+$ 时,这是一个 ∞^0 型的不定式,可以将其转化成 $\dfrac{\infty}{\infty}$ 型的不定式求值.

记 $y=\left(\dfrac{1}{x}\right)^{\sin x}$,则 $\ln y=-\sin x\ln x=-\dfrac{\ln x}{\csc x}$,所以

$$\lim_{x\to 0^+}\ln y=-\lim_{x\to 0^+}\frac{\ln x}{\csc x}=-\lim_{x\to 0^+}\frac{\dfrac{1}{x}}{-\csc x\cot x}=\lim_{x\to 0^+}\frac{\sin x}{x}\frac{\sin x}{\cos x}=0,$$

从而 $\lim\limits_{x\to 0^+}\left(\dfrac{1}{x}\right)^{\sin x}=e^0=1.$

这里又可以用等价无穷小代换. 上式第二个等式中的 $\ln x/\csc x$ 可以用 $x\ln x$ 来代替,对这个不定式用洛必达法则(例 3.42)更为方便.

例 3.41 求 $\lim\limits_{x\to+\infty}\left(1+\dfrac{1}{x}\right)^x$.

解 在 $x\to\infty$ 时,这是一个 1^∞ 型的不定式,记 $\dfrac{1}{x}=t$,原式变为 $\lim\limits_{t\to 0}(1+t)^{\frac{1}{t}}$,把其中的函数取对数: $\dfrac{\ln(1+t)}{t}$. 当 $t\to 0$ 时就是 $\dfrac{0}{0}$ 型的不定式. 根据洛必达法则,有

$$\lim_{x\to+\infty}\ln\left(1+\frac{1}{x}\right)^x=\lim_{t\to 0}\frac{\ln(1+t)}{t}=\lim_{t\to 0}\frac{1}{1+t}=1.$$

因此 $\lim\limits_{x\to+\infty}\left(1+\dfrac{1}{x}\right)^x=e$. 这是求 e 的一种算法.

除了 $\dfrac{0}{0}$, $\dfrac{\infty}{\infty}$ 两种基本不定式外,其他不定式都通过变形可以转化为基本不定式,然后利用洛必达法则求值.

例 3.42 求 $\lim\limits_{x \to 0^+} x \ln x$.

解 在 $x \to 0^+$ 时,这是一个 $0 \times \infty$ 型的不定式,可以将其转化成 $\dfrac{\infty}{\infty}$ 型的不定式求值. 根据洛必达法则得

$$\lim_{x \to 0^+} x \ln x = \lim_{x \to 0^+} \frac{\ln x}{x^{-1}} = \lim_{x \to 0^+} \frac{x^{-1}}{-x^{-2}} = 0.$$

例 3.43 求 $\lim\limits_{x \to +\infty} x\left(\dfrac{\pi}{2} - \arctan x\right)$.

解 在 $x \to +\infty$ 时,这是一个 $0 \times \infty$ 型的不定式,可以将其转化成 $\dfrac{0}{0}$ 型的不定式求值. 根据洛必达法则,有

$$\lim_{x \to +\infty} x\left(\frac{\pi}{2} - \arctan x\right) = \lim_{x \to +\infty} \frac{\frac{\pi}{2} - \arctan x}{x^{-1}} = \lim_{x \to +\infty} \frac{-\frac{1}{1+x^2}}{-x^{-2}}$$
$$= \lim_{x \to +\infty} \frac{1}{1+x^{-2}} = 1.$$

例 3.44 求 $\lim\limits_{x \to 1}\left(\dfrac{x}{x-1} - \dfrac{1}{\ln x}\right)$.

解 在 $x \to 1$ 时,这是一个 $\infty - \infty$ 型的不定式,可以将其转化成 $\dfrac{0}{0}$ 型的不定式求值. 根据洛必达法则,得

$$\lim_{x \to 1}\left(\frac{x}{x-1} - \frac{1}{\ln x}\right) = \lim_{x \to 1} \frac{x \ln x - x + 1}{(x-1)\ln x} = \lim_{x \to 1} \frac{\ln x}{\ln x + 1 - \frac{1}{x}}$$
$$= \lim_{x \to 1} \frac{\frac{1}{x}}{\frac{1}{x} + \frac{1}{x^2}} = \frac{1}{2}.$$

例 3.45 求 $\lim\limits_{x \to 0^+} x^x$.

解 在 $x \to 0^+$ 时,这是一个 0^0 型的不定式,可以将其转化成 $0 \times \infty$ 型的不定式求值.

记 $y = x^x$,则 $\ln y = x \ln x$,所以

$$\lim_{x \to 0^+} \ln y = \lim_{x \to 0^+} x \ln x = \lim_{x \to 0^+} \frac{\ln x}{x^{-1}} = \lim_{x \to 0^+} \frac{x^{-1}}{-x^{-2}} = 0,$$

从而 $\lim\limits_{x \to 0^+} x^x = e^0 = 1$.

例 3.46 求 $\lim\limits_{x \to 0}\left(\dfrac{\sin x}{x}\right)^{\frac{1}{1-\cos x}}$.

解 在 $x \to 0$ 时,这是一个 1^∞ 型的不定式,可以将其转化成 $\frac{0}{0}$ 型的不定式求值.

记 $f(x) = \left(\frac{\sin x}{x}\right)^{\frac{1}{1-\cos x}}$,则当 $x > 0$ 时,有

$$\ln f(x) = \frac{\ln \sin x - \ln x}{1 - \cos x},$$

从而

$$\lim_{x \to 0^+} \ln f(x) = \lim_{x \to 0^+} \frac{\ln \sin x - \ln x}{1 - \cos x} = \lim_{x \to 0^+} \frac{\frac{\cos x}{\sin x} - \frac{1}{x}}{\sin x} = \lim_{x \to 0^+} \frac{x \cos x - \sin x}{x \sin^2 x}$$

$$= \lim_{x \to 0^+} \frac{x \cos x - \sin x}{x^3} = \lim_{x \to 0^+} \frac{-x \sin x}{3x^2} = -\frac{1}{3}.$$

又因为 $f(-x) = f(x)$,所以 $\lim_{x \to 0^-} \ln f(x) = \lim_{x \to 0^+} \ln f(x) = -\frac{1}{3}$,故

$$\lim_{x \to 0} \left(\frac{\sin x}{x}\right)^{\frac{1}{1-\cos x}} = e^{-\frac{1}{3}}.$$

例 3.47 求 $x \to +\infty$ 时,$\frac{\ln x}{x}, \frac{x^n}{e^x} (n > 0)$ 的极限.

解 这两个极限都是 $\frac{\infty}{\infty}$ 型的不定式,用洛必达法则容易推出它们的极限都是 0.

$\ln x, x^n, e^x$ 当 $x \to +\infty$ 时都趋于 $+\infty$,即它们都无限增长.但它们的增长速度却不相同,并且代表了三种不同的速度.$\ln x$ 叫做"对数增长",x^n 叫做"多项式增长",而 e^x 叫做"指数增长",其中指数增长的增长速度最快.

习题 3.4

1. 计算下列极限:

(1) $\lim\limits_{x \to 0} \dfrac{x - \tan x}{\sin^3 x}$;

(2) $\lim\limits_{x \to 0} \dfrac{e^x - e^{-x}}{\sin x}$;

(3) $\lim\limits_{x \to a} \dfrac{\sin x - \sin a}{x - a}$;

(4) $\lim\limits_{x \to a} \dfrac{x^m - a^m}{x^n - a^n}$ $(a \neq 0)$;

(5) $\lim\limits_{x \to 0} \dfrac{x - x\cos x}{x - \sin x}$;

(6) $\lim\limits_{x \to +\infty} \dfrac{\ln(1+x)}{\sqrt{x}}$;

(7) $\lim\limits_{x\to+\infty}\dfrac{x^2}{a^x}$ $(a>1)$;

(8) $\lim\limits_{x\to 0}x\cot 3x$;

(9) $\lim\limits_{x\to 0^+}x^2 e^{\frac{1}{x}}$;

(10) $\lim\limits_{x\to 1}\left(\dfrac{2}{x^2-1}-\dfrac{1}{x-1}\right)$;

(11) $\lim\limits_{x\to 0}(1+x)^{\frac{k}{x}}$;

(12) $\lim\limits_{x\to 0^+}(\sin x)^x$;

(13) $\lim\limits_{x\to 0^+}\left(\dfrac{1}{x}\right)^{\sin x}$;

(14) $\lim\limits_{x\to 0}\dfrac{\sin^2 x - x\sin x\cos x}{x^2(e^{x^2}-1)}$.

(15) $\lim\limits_{x\to\infty}\left(1+\dfrac{m}{x}\right)^x$ $(m\neq 0)$;

(16) $\lim\limits_{x\to 0}(1-2x)^{\frac{3}{x}}$;

(17) $\lim\limits_{x\to\infty}\left(\dfrac{x+a}{x+b}\right)^x$ (a,b 是常数);

(18) $\lim\limits_{x\to 0}(1+\sin x)^{\frac{1}{\tan x}}$.

2. 计算下列极限的值,并说明能否用洛必达法则求值:

(1) $\lim\limits_{x\to 0}\dfrac{x^2\sin\dfrac{1}{x}}{\ln(1+x)}$;

(2) $\lim\limits_{x\to\infty}\dfrac{x+\cos x}{x}$.

3. 讨论下列函数的单调性,并求极值:

(1) $f(x)=x^4-32x$;

(2) $f(x)=x^6-3x^4$;

(3) $f(x)=\dfrac{x-1}{x+2}$;

(4) $f(x)=x-\ln(1+x)$;

(5) $f(x)=x+\sqrt{1-x}$;

(6) $f(x)=e^x\sin x$;

(7) $f(x)=e^x+2e^{-x}$;

(8) $f(x)=x+\tan x$;

(9) $f(x)=x^3 e^{-x}$;

(10) $f(x)=\sin x+2\cos x$.

4. 讨论下列函数的上、下凸性,并求拐点:

(1) $f(x)=x^3-3x$;

(2) $f(x)=\sqrt[3]{x}$;

(3) $f(x)=\dfrac{x}{1+x^2}$;

(4) $f(x)=x+\dfrac{1}{x}$;

(5) $f(x)=\dfrac{1}{x}+\dfrac{1}{x^2}$;

(6) $f(x)=x\arctan x$.

5. 当 a 为何值时,函数 $f(x)=a\sin x+\dfrac{1}{3}\sin 3x$ 在 $x=\dfrac{\pi}{3}$ 处取得极值?

6. 当 a,b 为何值时,点 $(1,3)$ 是曲线 $y=ax^3+bx^2$ 的拐点?

7. 证明下列不等式:

(1) 当 $x>0$ 时,$1+\dfrac{1}{2}x>\sqrt{1+x}$;

(2) 当 $x>0$ 时,$\dfrac{1}{1+x}<\ln\left(1+\dfrac{1}{x}\right)<\dfrac{1}{x}$;

(3) 当 $x>0$ 时, $\ln 3 - x < \ln(3+x)$;
(4) 当 $b>a>e$ 时, $a^b > b^a$.

8. 讨论下列方程不同实根的个数:
(1) $\sin x = x$;   (2) $x^2 = x\sin x + \cos x$;
(3) $x^3 - 3x + a = 0$.

9. 求下列函数在指定范围上的最值:

(1) $f(x) = x + \dfrac{4}{x}$, $[1,4]$;

(2) $f(x) = \dfrac{x}{x+1}$, $[0,3]$;

(3) $f(x) = 2 - \sqrt[3]{x}$, $[-1,8]$;

(4) $f(x) = \sqrt{x} - x\sqrt{x}$, $[0,4]$;

(5) $f(x) = 2x - 5x^2$, $(-\infty, +\infty)$;

(6) $f(x) = x^2 - \dfrac{54}{x}$, $(-\infty, 0)$.

复习题 3

1. 设某人的身高为 h,当其以常速度 v 经过一高度是 $l(l>h)$ 的路灯时,求此人头顶影子的移动速度.

2. 某司机从静止开始以常加速度将其汽车加速至 110 km/h,用的时间(单位:h)为 t_1,常速行驶了 $t_2 - t_1$ 后,又以常加速度减速,直至停止.整个过程所用时间为 t_3,试画出该车行驶距离 $s = s(t)$ 的定性图.

3. 证明双曲线 $xy = a^2$ 上任意一点处的切线与两坐标轴构成的三角形的面积都等于某个常数,并且切点是三角形斜边的中点.

4. 半径为 12 cm 的雪球融化时,半径减小的速度是常数.假设整个融化过程用了 12 h,求:
(1) 从融化开始,到 6 h 时,雪球体积变化的速度;
(2) 从融化开始,融化时间在 3 h 至 6 h 间雪球体积的平均变化速度.

5. 如图,底面半径为 160 cm,高为 800 cm 的正圆锥容器装满了水.水从位于顶点处的一个小洞流出,当容器中水的高度为 600 cm 时,容器中水的体积关于水的高度的变化率是多少?

6. 气球中的气体以 300π cm³/s 的速度泄漏.当气球的半径以 3 cm/s 的

速度减小时,求气球的半径.

7. 如图,在半径为 r 的半圆内,以直径为底作一内接梯形,使其面积为最大.

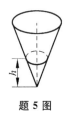

题 5 图

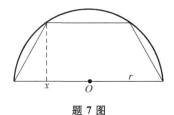

题 7 图

8. 灯光在空间一点 A 的"照明度"

$$J = k \cdot \frac{\sin\varphi}{r^2},$$

其中 k 为只与灯的亮度有关的常数. 如下图,设 A,B 两点的距离为 d,证明灯 O 的高度为 h 时 A 处的照明度最大.

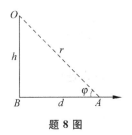

题 8 图

9. 证明:当 $p>1, x>0$ 时,$(1+x)^p - (1+x^p) > 0$.
(提示:求这个函数的极小值.)

微分与不定积分

第 4 章

4.1 微分的概念

函数在一点处的导数是函数值关于其自变量在这一点的变化率;几何上它表示函数曲线在这一点的切线斜率.

引入函数在一点处导数的另一个途径是所谓"函数的局部线性逼近"问题,这就是已知 $f(x)$ 在 x 处的值,要求当 h 充分小时 $f(x+h)$ 的近似值;其方法是用 h 的线性函数 $f(x)+f'(x)h$ 来"逼近"$f(x+h)$. 如图 4.1,设函数 $y=f(x)$ 的曲线为 S;$P(x,f(x))$,$P'(x',f(x'))$ 为其上两点. 两点的水平距离 $h=x'-x$ 充分小,PQ 是 S 在点 P 处的切线,它的斜率为 $f'(x)=\tan\alpha$. 于是从图 4.1 可见

$$f(x+h) = f(x) + MQ + QP' = f(x) + h\tan\alpha + QP'$$
$$= f(x) + f'(x)h + QP'.$$

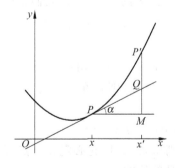

图 4.1

我们看到,如果用线性函数 $f(x)+f'(x)h$ 在 h 处的值(注意:这里 x 是固定的,因而 $f(x)$,$f'(x)$ 是两个常数)来近似地替

代函数值 $f(x+h)$. 这种替代("逼近")所造成的误差就是线段 QP', 即
$$QP' = f(x+h) - [f(x) + f'(x)h].$$
由此可知
$$\frac{QP'}{h} = \frac{f(x+h) - f(x)}{h} - f'(x).$$
如果 f 在 x 处导数存在,则当 $h \to 0$ 时,右端趋于 0. 这说明当 $h \to 0$ 时,误差量 QP' 是 h 的高阶无穷小量,用符号表示就是 $QP' = o(h)$. 这样就明确了什么叫做函数曲线的"局部线性逼近". 它的意义就是在一点的局部 $(x, x+h)$ 范围内,用 h 的线性函数(过这一点的切线)来替代原来的函数(曲线)(几何上又称为"以直代曲"),这种替代所造成的确切误差虽然一般并不清楚,但可以肯定的是,它是 h 的高阶无穷小.

定义 4.1 设函数 $y = f(x)$ 在 (a,b) 有定义, x_0, $x_0 + h \in (a,b)$, 如果
$$\Delta y = f(x_0 + h) - f(x_0) = Ah + o(h), \tag{4.1}$$
其中 A 可能与 x 有关但与 h 无关,则称函数 $f(x)$ 在 x_0 处**可微**.

式(4.1)右端的线性部分 Ah 称为函数 $f(x)$ 在 x_0 处的**微分**,记为 $\mathrm{d}y \big|_{x=x_0}$, $\mathrm{d}f(x) \big|_{x=x_0}$ 或 $\mathrm{d}f(x_0)$, 即
$$\mathrm{d}y \big|_{x=x_0} = \mathrm{d}f(x) \big|_{x=x_0} = \mathrm{d}f(x_0) = Ah \quad (h \to 0).$$

所以,一个函数在某一点的微分,就是一个函数自变量增量 h 的线性函数. 当 h 充分小时,微分可以近似地代替函数值的增量,所造成的误差是 h 的高阶无穷小.

如果记 $h = \Delta x = \mathrm{d}x$(有时称之为自变量的微分). 函数的自变量在 x_0 处增加(或减少)$\mathrm{d}x$ 后,其函数值成为 $f(x_0 + \mathrm{d}x)$, 比原来的函数值增加了 $\Delta f(x_0) = f(x_0 + \mathrm{d}x) - f(x_0)$. 它是 $\mathrm{d}x$ 的函数. 于是我们就用 $\mathrm{d}x$(或 h)的线性函数 $\mathrm{d}y \big|_{x=x_0}$ 来替代这个增量. 根据上式,如果函数 $f(x)$ 在 x_0 处有导数,则 $A = f'(x_0)$, 即
$$f(x_0 + \mathrm{d}x) = f(x_0) + f'(x_0)\mathrm{d}x + o(\mathrm{d}x). \tag{4.2}$$
式(4.2)说明,如果函数在点 x_0 有导数,则它在这一点可微,而且它的微分就是
$$\mathrm{d}y = \mathrm{d}f = f'(x_0)\mathrm{d}x.$$
反之,如果 $f(x)$ 在一点处可微,则由式(4.1)它必定在此点可导. 因此对于一元函数,在一点处的可微和可导是等价的.

从上式又可以看出,函数在一点的导数可以表示为两个微分之商,即
$$f'(x) = \frac{\mathrm{d}f}{\mathrm{d}x} = \frac{\mathrm{d}y}{\mathrm{d}x}. \tag{4.3}$$

因此导数又有另一个名称:微商.这种表示有它方便的地方,右端不仅是一个符号,还确实是两个量的商.

根据微分的定义,可以用函数及其微分在一点的值来近似地表示函数在此点附近的值.

例 4.1 求 $\sin 31°$ 的值.

解 $\sin 31° = \sin(30° + 1°) = \sin\left(\dfrac{\pi}{6} + \dfrac{\pi}{180}\right) \approx \sin\left(\dfrac{\pi}{6}\right) + \cos\left(\dfrac{\pi}{6}\right) \cdot \dfrac{\pi}{180}$

$\approx \dfrac{1}{2} + \dfrac{\sqrt{3}}{2} \cdot \dfrac{3.1416}{180} \approx 0.515\,115,$

这里求微分时用到了 $(\sin x)' = \cos x$. 上式精确到小数点后 6 位数是 0.515 038.

例 4.2 正方形的边长为 100 cm. 测量时每边的正误差(即比准确值多出的部分)不超过 0.5 cm,估计由此而产生面积的最大误差.

解 设 A 为正方形的面积,它是边长 c 的函数:$A(c) = c^2$. 如果测量边长时没有误差,则面积 $A(100) = 10\,000$ cm^2,如果每边都有 0.5 cm 的误差,则面积的误差应为

$$A(100.5) - A(100) = 100.25 \text{ cm}^2.$$

下面用微分来计算它的近似值. 由于 $A'(c) = 2c$,所以 $A'(100) = 200$. 根据微分的定义,

$$A(100 + h) - A(100) = A'(100)h + o(h),$$

把 $h = 0.5$ 代入上式,得到误差的近似值为 $A'(100)(0.5) = 100$ cm^2. 这个近似值与最大误差只差 0.25 cm^2,它就是上式中的 $o(h)$.

为了说明当 $h \to 0$ 时 $\dfrac{o(h)}{h}$ 也将趋于零,我们来看表 4.1(已知 $A(100) = 10\,000$,$A'(100) = 200$,$o(h) = A(100 + h) - A(100) - A'(100)h$):

表 4.1

h	0.5	0.1	0.05	0.01
$o(h)$	0.25	0.01	0.0025	0.0001
$o(h)/h$	0.5	0.1	0.05	0.01

从这个例子和表 4.1 可以大致看出,如果已知函数 A 及其导数在一点(例如 100)的值,则任意给自变量在这一点的一个小增量 h,相应函数的增量 $A(100 + h) - A(100)$ 可以用函数在这一点的微分 $A'(100)h$(它是 h 的线性函数)来近似表示;由此所造成的误差 $o(h)$ 当 $h \to 0$ 时是 h 的高阶无穷小(即

$o(h)/h$ 仍趋于零,或者说 $o(h)$ 趋于零要比 h "快得多",从表 4.1 可以看出).

例 4.3 求 $\sqrt{120} = 120^{\frac{1}{2}}$.

解 $120^{\frac{1}{2}} = (121-1)^{\frac{1}{2}} = (11^2-1)^{\frac{1}{2}} \approx 11 - \frac{1}{2} \cdot \frac{1}{11} \cdot 1 = 10.954\,545$.

更精确的是 $10.954\,451$. 以上求微分时用了 $(x^{\frac{1}{2}})' = \frac{1}{2} \cdot x^{\frac{-1}{2}} = \frac{1}{2} \cdot \frac{1}{\sqrt{x}}$.

4.2 微分的运算

一个在一点有导数的函数(简称可导函数)在这一点是可微的;反过来,函数在一点可微,则它必定在这一点可导.

既然可微和可导是等价的,那么有关导数的一些运算(例如四则运算)就可以照搬过来:

$\mathrm{d}(cf(x)) = c\,\mathrm{d}f(x);$

$\mathrm{d}(f(x) \pm g(x)) = \mathrm{d}f(x) \pm \mathrm{d}g(x);$

$\mathrm{d}(f(x)g(x)) = g(x)\,\mathrm{d}f(x) + f(x)\,\mathrm{d}g(x);$

$\mathrm{d}\left(\dfrac{f(x)}{g(x)}\right) = \dfrac{g(x)\,\mathrm{d}f(x) - f(x)\,\mathrm{d}g(x)}{g^2(x)} \quad (g(x) \neq 0).$

如果 $y = f(u), u = g(x)$,则如同复合函数求导一样,也有

$$\mathrm{d}y = f'(u)\,\mathrm{d}u = f'(u)g'(x)\,\mathrm{d}x.$$

例 4.4 求 (1) $y = 3x^2$,(2) $y = \cos x^2$,(3) $y = \arctan \dfrac{1+x}{1-x}$ 的微分.

解 (1) $\mathrm{d}y = (3x^2)'\,\mathrm{d}x = 6x\,\mathrm{d}x.$

(2) $\mathrm{d}y = (\cos x^2)'\,\mathrm{d}x = -\sin x^2 \cdot (2x)\,\mathrm{d}x = -2x\sin x^2\,\mathrm{d}x.$

(3) 因为 $\dfrac{\mathrm{d}y}{\mathrm{d}x} = \left(\arctan \dfrac{1+x}{1-x}\right)'$

$= \dfrac{1}{1 + \left(\dfrac{1+x}{1-x}\right)^2} \left(\dfrac{1+x}{1-x}\right)'$

$= \dfrac{(1-x)^2}{(1-x)^2 + (1+x)^2} \cdot \dfrac{2}{(1-x)^2}$

$= \dfrac{1}{1+x^2},$

所以 $dy = \dfrac{1}{1+x^2}dx$.

例 4.5 已知 $f(x)=(\cos x)^x$,求 $df(0)$.

解 由于 $f(x)=(\cos x)^x$,所以 $\ln f(x)=x\ln\cos x$.两边关于 x 求导得
$$\frac{1}{f(x)}f'(x) = \ln\cos x - x\tan x,$$
代入 $x=0$ 得 $f'(0)=0$,所以 $df(0)=f'(0)dx=0$.

例 4.6 已知函数 $y=y(x)$ 由 $e^{xy}+\tan(xy)=y$ 确定,求 $dy\big|_{x=0}$.

解 将等式 $e^{xy}+\tan(xy)=y$ 两端均理解成 x 的函数,y 理解成中间变量,关于 x 求导得
$$e^{xy}(y+xy') + \sec^2(xy)(y+xy') = y'.$$
将 $x=0$ 代入 $e^{xy}+\tan(xy)=y$ 得 $y(0)=1$,将 $x=0$ 和 $y(0)=1$ 代入上式得 $y'(0)=2$,所以 $dy\big|_{x=0}=2dx$.

下面举几个导数与微分应用的例子.

例 4.7 向湖中水面投一石子,形成圆形波往外扩散.如果此圆的半径以 40 cm/s 的速度向外扩散,求当半径达到 2 m 时,圆面积的扩张速度.

解 设在时刻 t 圆的半径和面积分别用 $r(t)$ 和 $A(t)$ 表示,它们都是时间的函数,而 $A(t)$ 又是 $r(t)$ 的函数:
$$A(t) = \pi r^2(t).$$
上式两边对 t 求导数,得
$$A'(t) = 2\pi r(t)r'(t).$$
将已知数据代入上式,得
$$A'(t) = 2\times 3.1416\times 200\times 40 \approx 50\,265.6 \approx 5\text{ m}^2/\text{s}.$$

例 4.8 一个人在广场上放风筝.当风速为 15 m/min,放出的线长 60 m 时,风筝离手的高度为 30 m.问如果要保持这个高度,放线的速度应该是多少?

解 如图 4.2,直角三角形的高 $H=30\text{ m}$,斜边长 $L=60\text{ m}$.已知 $dV/dt=15\text{ m}$,问题是在 H 不变的条件下,求 dL/dt.

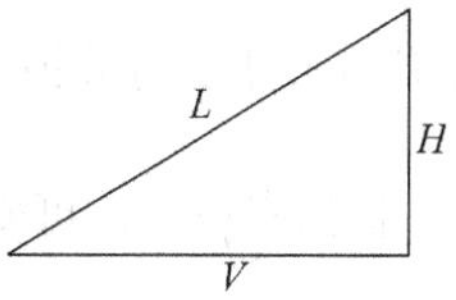

由于
$$V^2 = L^2 - H^2,$$
两边对 t 求导,得
$$V\frac{dV}{dt} = L\frac{dL}{dt},$$

图 4.2

把 $V=\sqrt{60^2-30^2}=30\sqrt{3},\dfrac{dV}{dt}=15,L=60$ 代入,就得

$$\frac{dL}{dt} = \frac{15}{2}\sqrt{3} \text{ m/min}.$$

例 4.9 座钟的黄铜摆在 0℃ 时长为 800 mm,如果在冬天(温度为 8℃)调得很准,问在夏天(温度为 20℃)它每天会慢多少?(黄铜的线膨胀系数为 $\lambda = 0.019 \times 10^{-3}$ mm/℃.)

解 设钟摆在 0℃,8℃,20℃ 时的长度分别为 l_0, l_1, l_2,我们知道单摆的周期是 $T = 2\pi\sqrt{\dfrac{l}{g}}$,而当温度为 t 时,黄铜摆的长度应为 $l = l_0(1+\lambda t)$. 于是在冬天钟摆每天摆动

$$f_1 = \frac{86\,400}{T} = \frac{86\,400}{2\pi\sqrt{\dfrac{l_1}{g}}} \text{ 次}.$$

到夏天,钟摆增长了

$$dl_1 = l_2 - l_1 = l_0\lambda(t_2 - t_1) = 800 \times 0.019 \times 10^{-3} \times 12 = 0.1824 \text{ mm}.$$

由于

$$df_1 = -\frac{86\,400}{4\pi l_1\sqrt{\dfrac{l_1}{g}}}dl_1 = -\frac{f_1}{2l_1}dl_1,$$

所以每秒钟要慢 $\left|\dfrac{df_1}{f_1}\right| = \dfrac{dl_1}{2l_1}$,其中

$$l_1 = 800(1 + 8\lambda) = 800.1216 \text{ mm}.$$

一天要慢

$$\frac{86\,400 \times 0.1824}{1600.2432} = 9.85 \text{ s}.$$

例 4.10 水池中有 1000 L 溶有污染物的水溶液,其中污染物为 15 kg. 现在准备用清水冲洗. 计划每分钟注入清水 5 L,混合均匀的溶液每分钟流出 4 L. 问 1 小时后水中污染物还剩多少?

解 设在 t 时刻水池中含污染物 $W(t)$(单位:kg),$V(t)$ 为池中溶液体积(单位:L). 于是每分钟流出的污染物为 $\dfrac{4W(t)}{V(t)}$,溶液流出速度为 $\dfrac{dV}{dt} = 5 - 4 = 1$.

根据 $\dfrac{dV}{dt} = 1$,可知 $V(t) = t + C$,其中 C 是一个任意常数. 但由于 $t = 0$ 时,$V(0) = 1000$,因而 $C = 1000$,即 $V(t) = t + 1000$.

又因为池中污染物的流出率为

$$\frac{dW}{dt} = -\frac{4W(t)}{V(t)} = -\frac{4W(t)}{t + 1000},$$

或
$$\frac{dW}{W} = -\frac{4dt}{t+1000}.$$
上式两端都是某个函数的微分,即
$$d(\ln W) = -d[4\ln(t+1000) + C'].$$
由此,得
$$\ln W = -4\ln(t+1000) + C'.$$
把已知数据代入上式,得
$$\ln 15 = -4\ln 1000 + C',$$
解出
$$C' = \ln(15 \times 10^{12}).$$
最后得到
$$\ln W(t) = \ln(t+1000)^{-4} + \ln(15 \times 10^{12}),$$
或
$$W(t) = 15 \times 10^{12}(t+1000)^{-4}.$$
当 $t = 60$ min 时,得到
$$W(60) = 15 \times 10^{12} \times 1060^{-4} \approx 11.88(\text{kg}).$$

在这个例子中,重要的一点是给定一个微分的形式 $f(x)dx$,要求找一个函数 $F(x)$,使得 $dF(x) = f(x)dx$;因为 $dF(x) = F'(x)dx$,所以问题就是给了 $f(x)$,去寻求它是哪个函数的导数. 也就是函数求导的反问题. 这正是 4.4 节要讨论的内容.

习题 4.2

1. 计算下列函数的微分:

(1) $y = 3x^2 + \dfrac{4}{x^2}$;

(2) $y = \sqrt{x} - \dfrac{1}{\sqrt[3]{x}}$;

(3) $y = \dfrac{x}{x^2-4}$;

(4) $y = x(x^2+25)^{\frac{1}{3}}$;

(5) $y = \cos\sqrt{x}$;

(6) $y = \cos^3 3x$;

(7) $y = x\cos 2x$;

(8) $y = \arcsin\sqrt{1-x^2}$;

(9) $y = \tan(1+2x^2)$;

(10) $y = \arctan(1+x^2)$.

2. 利用微分计算下列数的近似值:

(1) $\sqrt{102}$;

(2) $\sqrt[3]{25}$;

(3) $\sin 88°$; (4) $\cos 43°$;
(5) $\arcsin 0.5002$; (6) $\sqrt[6]{65}$.

3. 当半径从 10 cm 变为 10.5 cm 时,求圆的周长改变量的近似值.

4. 当半径从 5 cm 变为 5.2 cm 时,求球的面积改变量的近似值.

5. 底面半径为 14 cm 的圆锥的高从 7 cm 变为 7.1 cm 时,求此圆锥体积改变量的近似值.

6. 计算球的体积时,如果要求相对误差不超过 1%,那么测量直径时的相对误差不能超过多少?

4.3 高阶微分和泰勒公式

4.3.1 函数在一点附近的泰勒展开式

在进入下节以前,我们试图把微分这一自变量增量的线性函数加以推广. 如果说线性近似是最简单的考虑,那么进一步的考虑就是用多项式来近似了.

把微分看成是自变量增量的函数,即 $dy = f'(x)dx$,同时也可以把它看成是 x 的函数. 这样就可以对它再次求微分,即

$$d(dy) = d(f'(x)dx) = (f''(x)dx)dx = f''(x)dx^2,$$

通常写成

$$\frac{d^2 y}{dx^2} = f''(x).$$

更高阶的微分可以同样处理.

例 4.11 求函数 $y = \ln(1+x)$ 的二阶微分.

解 一阶微分为 $dy = \dfrac{1}{1+x}dx$. 二阶微分 $d^2 y = -\dfrac{1}{(1+x^2)}dx^2$.

假设已知函数 $f(x)$ 及其各阶导数在 a 点的值,现在希望在自变量的增量 h 充分小的条件下用一个 h 的多项式 $a_0 + a_1 h + a_2 h^2 + \cdots + a_n h^n$ 来逼近 $f(a+h)$,问如何求这些多项式的系数?

这个问题的困难在于线性的情况(即 $n=1$),由此引出了导数的概念. 过了这一关,以下就比较容易了.

假设 $f(x)$ 本身就是一个 x 的 n 阶多项式:

$$f(x) = a_0 + a_1 x + a_2 x^2 + \cdots + a_n x^n,$$

则

$$f(a+h) = a_0 + a_1(a+h) + a_2(a+h)^2 + \cdots + a_n(a+h)^n$$

$$= c_0 + c_1 h + \cdots + c_n h^n.$$

下面来求它的系数 c_k. 为此,把上式的两边用 $h=0$ 代入,得 $c_0 = f(a)$. 再把上式两边对 h 求导,得

$$f'(a+h) = c_1 + 2c_2 h + \cdots + nc_n h^{n-1},$$

再把 $h=0$ 代入上式,得 $c_1 = f'(a)$.

重复进行这种步骤,即对两边再求一次导数,然后代入 $h=0$,就得到

$$c_2 = \frac{1}{2} f''(a), \quad \cdots, \quad c_n = \frac{1}{n!} f^{(n)}(a).$$

于是得到

$$f(a+h) = f(a) + f'(a)h + \frac{1}{2} f''(a)h^2 + \cdots + \frac{1}{n!} f^{(n)}(a) h^n = P_n(h).$$

对于一般不是多项式但有 n 阶导数的函数 $f(x)$,仿照微分的做法,可以用 $P_n(h)$ 来逼近 $f(a+h)$,所产生的误差为 $R(h)$,即写为

$$f(a+h) = P_n(h) + R(h). \tag{4.4}$$

以前在讨论微分时,关键之处在于证明了用微分代替函数的增量所引起的误差是自变量增量 h 的高阶无穷小. 现在自然需要证明:用 n 阶多项式来近似函数在 $a+h$ 处的值,其误差 $R(h)$ 也应该是 h^n 当 $h \to 0$ 时的高阶无穷小,即要证

$$\lim_{h \to 0} \frac{f(a+h) - P_n(h)}{h^n} = 0. \tag{4.5}$$

注意式(4.5)的极限为 $\frac{0}{0}$ 的形式,对之用 $n-1$ 次洛必达法则,把分子分母各对 h 求 $n-1$ 次导数,最后得到

$$\lim_{h \to 0} \frac{f^{(n-1)}(a+h) - [f^{(n-1)}(a) + f^{(n)}(a)h]}{n!h}$$

$$= \frac{1}{n!} \lim_{h \to 0} \left[\frac{f^{(n-1)}(a+h) - f^{(n-1)}(a)}{h} - f^{(n)}(a) \right].$$

由于 $f(x)$ 在 a 点有 n 阶导数,所以这个极限为零,即 $R(h) = o(h^n)$.

在式(4.4)中,令 $a+h=x$,则 $h=x-a$,式(4.4)变成

$$f(x) = f(a) + \frac{f'(a)}{1!}(x-a) + \frac{f''(a)}{2!}(x-a)^2$$

$$+ \cdots + \frac{f^{(n)}(a)}{n!}(x-a)^n + o((x-a)^n). \tag{4.6}$$

定义 4.2 设函数 $f(x)$ 在 $x=a$ 处有 n 阶导数,则它在点 a 附近可以用式(4.4)或式(4.6)表示,并称其表达式为**泰勒公式**或**泰勒展开式**;式(4.4)中的多项式部分称为**泰勒多项式**.

例 4.12 求 $f(x) = e^x$ 在 $x=0$ 处的泰勒公式.

解 因为 $f^{(n)}(x) = e^x$,所以 $f^{(n)}(0) = 1$,从而所求的泰勒公式为

$$e^x = \sum_{k=0}^{n} \frac{f^{(k)}(0)}{k!} x^k + o(x^n) = \sum_{k=0}^{n} \frac{1}{k!} x^k + o(x^n).$$

例 4.13 求 $f(x) = \dfrac{1}{1-x}$ 在 $x = 0$ 处的泰勒公式.

解 根据 $f'(x) = \dfrac{1}{(1-x)^2}, f''(x) = \dfrac{1 \times 2}{(1-x)^3}$, 易得 $f^{(n)}(x) = \dfrac{n!}{(1-x)^{n+1}}$, 所以 $f^{(n)}(0) = n!$, 从而所求的泰勒公式为

$$\frac{1}{1-x} = \sum_{k=0}^{n} \frac{f^{(k)}(0)}{k!} x^k + o(x^n) = \sum_{k=0}^{n} x^k + o(x^n).$$

例 4.14 求 $f(x) = \ln(1+x)$ 在 $x = 0$ 处的泰勒公式.

解 根据 $f'(x) = \dfrac{1}{1+x}, f''(x) = \dfrac{-1}{(1+x)^2}, f'''(x) = \dfrac{(-1) \times (-2)}{(1+x)^3}$, 易得 $f^{(n)}(x) = \dfrac{(-1)^{n-1}(n-1)!}{(1+x)^n}$, 所以 $f^{(n)}(0) = (-1)^{n-1}(n-1)!$, 从而所求的泰勒公式为

$$\frac{1}{1-x} = \sum_{k=0}^{n} \frac{f^{(k)}(0)}{k!} x^k + o(x^n) = \sum_{k=1}^{n} \frac{(-1)^{k-1}}{k} x^k + o(x^n).$$

例 4.15 求 $f(x) = \sin x$ 在 $x = 0$ 处的泰勒公式.

解 根据 $f'(x) = \cos x = \sin\left(x + \dfrac{\pi}{2}\right), f''(x) = \cos\left(x + \dfrac{\pi}{2}\right) = \sin\left(x + 2 \cdot \dfrac{\pi}{2}\right)$, 易得 $f^{(n)}(x) = \sin\left(x + n \cdot \dfrac{\pi}{2}\right)$, 所以

$$f^{(n)}(0) = \sin \frac{n\pi}{2} = \begin{cases} 0, & n = 2k, \\ (-1)^{k-1}, & n = 2k-1, \end{cases} \quad k = 1, 2, 3, \cdots,$$

从而所求的泰勒公式为

$$\sin x = \sum_{k=1}^{n} \frac{(-1)^{k-1}}{(2k-1)!} x^{2k-1} + o(x^{2n-1}).$$

由于 $(\sin x)^{(2n)}\big|_{x=0} = 0$, 所以上式也可写作

$$\sin x = \sum_{k=1}^{n} \frac{(-1)^{k-1}}{(2k-1)!} x^{2k-1} + o(x^{2n}).$$

函数 $f(x)$ 在 $x = 0$ 处的泰勒公式又称为函数的麦克劳林(Maclaurin)公式. 图 4.3 给出了函数 $f(x) = \sin x$ 及其在 $x = 0$ 处的二阶和三阶泰勒多项式的图像.

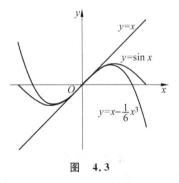

图 4.3

例 4.16 求函数 $\sin x$ 在 $x = \dfrac{\pi}{2}$ 处的泰勒展开式.

解 根据式(4.6), 有

$$f(x) = f\left(\frac{\pi}{2}\right) + f'\left(\frac{\pi}{2}\right)\left(x - \frac{\pi}{2}\right) + \frac{1}{2!}f''\left(\frac{\pi}{2}\right)\left(x - \frac{\pi}{2}\right)^2 + \cdots.$$

取 $f(x) = \sin x$,则

$$f^{(n)}(x) = \sin\left(x + \frac{n\pi}{2}\right), \quad f^{(n)}\left(\frac{\pi}{2}\right) = \sin\left(\frac{(n+1)\pi}{2}\right) = \begin{cases} 0, & n = 2k-1, \\ (-1)^k, & n = 2k. \end{cases}$$

因此,

$$f(x) = 1 - \frac{1}{2}\left(x - \frac{\pi}{2}\right)^2 + \frac{1}{4!}\left(x - \frac{\pi}{2}\right)^4 + \cdots$$

$$= 1 + \sum_{k=1}^{n} \frac{(-1)^k}{(2k)!}\left(x - \frac{\pi}{2}\right)^{2k} + o\left[\left(x - \frac{\pi}{2}\right)^{2n}\right].$$

与例 4.15 比较,可见同一个函数在不同点处的展开式是不一样的.

例 4.17 求函数 $f(x) = \dfrac{1}{2+x}$ 在 $x=1$ 处的泰勒展开式.

解 求 $f(x)$ 在 $x=1$ 处的展开式,也就是要将 $f(x)$ 在 $x=1$ 附近表示成如下形式:

$$f(x) = \sum_{k=0}^{n} a_k (x-1)^k + o[(x-1)^n].$$

由于 $\dfrac{1}{1+x} = \sum\limits_{k=0}^{n}(-1)^k x^k + o(x^n)$,所以

$$f(x) = \frac{1}{2+x} = \frac{1}{3+(x-1)} = \frac{1}{3} \cdot \frac{1}{1 + \dfrac{x-1}{3}}$$

$$= \frac{1}{3} \sum_{k=0}^{n}(-1)^k \left(\frac{x-1}{3}\right)^k + o\left[\left(\frac{x-1}{3}\right)^n\right]$$

$$= \sum_{k=0}^{n} \frac{(-1)^k}{3^{k+1}}(x-1)^k + o[(x-1)^n].$$

变量替换是求函数泰勒展开式的重要方法.

4.3.2 微分中值定理

至今为止,本章讨论的都是函数在一点附近的性质.最后简单讨论一下函数在一个区间上的重要性质,首先是下面的罗尔(Rolle)定理.

定理 4.1(罗尔定理) 设函数 $f(x)$ 在闭区间 $[a,b]$ 上连续,在开区间 (a,b) 内可导,而且满足条件 $f(a) = f(b)$,则存在 $c \in (a,b)$,满足 $f'(c) = 0$.

这个定理的几何意义是很明显的(见图 4.4).

证明 回忆在闭区间 $[a,b]$ 上连续函数的性质可知,$[a,b]$ 内必有两点 c,

d,使得对$[a,b]$中的一切点x,都有$f(c)\leqslant f(x)\leqslant f(d)$。如果$c,d$中有一个(例如$c$)不是端点,则在这一点取极小(或极大)值,因而$f'(c)=0$. 如果两个点都是端点,则$f(x)$在$[a,b]$的最大值和最小值都是$f(a)=f(b)$,于是它是一个常数,而常数函数在任何一点的导数都是零.

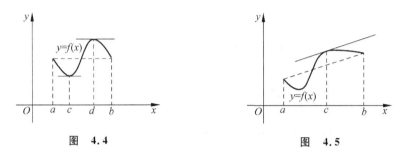

图 4.4   图 4.5

罗尔定理还可以推广为下面的中值定理.

定理 4.2(拉格朗日(Lagrange)中值定理) 设函数$f(x)$在闭区间$[a,b]$上连续,在开区间(a,b)内可导,则存在一点c,使得

$$f'(c) = \frac{f(b)-f(a)}{b-a}. \tag{4.7}$$

这个定理的几何意义也是很明显的(见图 4.5).

证明 $f(x)$未必满足罗尔定理的条件,但我们可以由$f(x)$构造一个满足罗尔定理的函数,这只需从$f(x)$减去一个线性函数,即构造一个函数

$$F(x) = f(x) - (f(b)-f(a))\frac{x-a}{b-a}.$$

这个函数满足定理中对$f(x)$的一切假设,此外还满足$F(a)=F(b)=f(a)$,即$F(x)$满足罗尔定理的假设,于是存在$c\in(a,b)$,使

$$F'(c) = 0 = f'(c) - \frac{f(b)-f(a)}{b-a}.$$

这就是我们要证的.

拉格朗日中值定理有一个简单的推论.

推论 设函数$f(x)$在它的定义区间$[a,b]$上满足拉格朗日中值定理的假设,而且在其中每一点的导数都是零,则此函数为一个常数.

　　*推论的证明:只需证对(a,b)中任意两点c,d,$f(c)=f(d)$即可,而拉格朗日中值定理告诉我们,$f(c)-f(d)$一定是零.另外在端点a,b处,利用函数$f(x)$在闭区间$[a,b]$的连续性就可以证明.

例 4.18 $x=0$就是函数$f(x)=x^2+\cos x$在$[-\pi,\pi]$上满足罗尔定理

的点.

例 4.19 设函数 $f(x)$ 在 $[a,b]$ 上可导,且 $f'(x)>0$,证明 $f(x)$ 在 $[a,b]$ 上单调增加.

证明 对于任意的 $x_1<x_2\in[a,b]$,根据拉格朗日中值定理,存在 $c\in(x_1,x_2)$,使得
$$f(x_2)-f(x_1)=f'(c)(x_2-x_1).$$
因为 $f'(c)>0, x_2-x_1>0$,所以 $f(x_2)-f(x_1)>0$,即 $f(x_2)>f(x_1)$. 从而 $f(x)$ 在 $[a,b]$ 上单调增加.

例 4.20 证明方程 $e^x-3x=0$ 至多有两个不同的实根.

证明 记 $f(x)=e^x-3x$,若 $f(x)=0$ 具有三个不同的实根 $x_1<x_2<x_3$,根据罗尔定理便知 $f'(x)=0$ 就至少存在两个不同的实根 a,b,且 $x_1<a<x_2<b<x_3$. 这与 $f'(x)=e^x-3=0$ 只有一个实根 $\ln 3$ 矛盾,所以 $e^x-3x=0$ 至多有两个不同的实根.

例 4.21 对任意的正整数 n,证明:$\dfrac{1}{n+1}<\ln\left(1+\dfrac{1}{n}\right)<\dfrac{1}{n}$.

证明 根据拉格朗日中值定理可知
$$\ln\left(1+\dfrac{1}{n}\right)=\ln(n+1)-\ln n=\dfrac{1}{\xi},$$
其中 $n<\xi<n+1$. 由于 $\dfrac{1}{n+1}<\dfrac{1}{\xi}<\dfrac{1}{n}$,所以
$$\dfrac{1}{n+1}<\ln\left(1+\dfrac{1}{n}\right)<\dfrac{1}{n}.$$

习题 4.3

1. 求下列函数在指定范围上满足罗尔定理的点:
   (1) $f(x)=x^2-3x$,$[0,3]$;
   (2) $f(x)=\dfrac{1-x^2}{1+x^2}$,$[-1,1]$.

2. 求下列函数在指定范围上满足拉格朗日定理的点:
   (1) $f(x)=x^3$,$[-1,1]$;
   (2) $f(x)=3x^2+6x-5$,$[-2,1]$;
   (3) $f(x)=(x-1)^{\frac{2}{3}}$,$[1,2]$;
   (4) $f(x)=x+\dfrac{1}{x}$,$[1,2]$.

3. 求下列函数在指定点的 n 阶泰勒公式:

(1) $f(x)=x^4+4, x_0=1$;

(2) $f(x)=x^2-3x+1, x_0=0$;

(3) $f(x)=\dfrac{1}{x}, x_0=1$;

(4) $f(x)=xe^x, x_0=0$.

4. 证明方程 $x^7+x^5+x^3+1=0$ 有且仅有一个实根.

5. 设某行驶中的汽车在某时刻显示速度为 50 km/h,10 min 后显示速度为 65 km/h,证明该车在此 10 min 内某时刻的加速度恰好为 90 km/h^2.

4.4 不定积分

4.4.1 函数求导数的逆运算——不定积分

数学中对各种不同的对象(如整数、实数、函数、图形等),有不同的运算.对以实数为自变量的实值函数来说,在一点求它的导数是一种把实数变成实数的运算;而对在一个区间上可导的函数来说,对它求导就是一种把可微函数变成函数的运算.在例 4.10 中,我们就碰到过这样的问题:已知一个函数的导函数,求这个函数本身.这是一个求导函数的反问题.

定义 4.3 如果在函数 $f(x),F(x)$ 定义域的某一区间 (a,b) 内的任一点 x,都有 $F'(x)=f(x)$,则称 $f(x)$ 是 $F(x)$ 在 (a,b) 内的**导函数**,而称 $F(x)$ 是 $f(x)$ 的**原函数**,记为

$$F(x)=\int f(x)\mathrm{d}x.$$

由此可见,求函数的导函数和求函数的原函数互为逆(反)运算.

我们对函数求导的运算已经比较熟悉. 例如,

$$(x^n)'=nx^{n-1}, \quad (\sin x)'=\cos x, \quad (\ln x)'=\dfrac{1}{x},$$

$$\left(1+\dfrac{2}{x}\right)'=-\dfrac{2}{x^2}, \quad (\sin\ln x)'=\dfrac{\cos\ln x}{x},$$

有了这些"正运算"的经验,人们常常可以用"凑"的办法来解一些较为简单的反问题,例如,

$$\int x^n\mathrm{d}x=\dfrac{1}{n+1}x^{n+1}, \quad n\neq -1,$$

$$\int \sin x\mathrm{d}x=-\cos x,$$

$$\int e^x \mathrm{d}x = e^x,$$

等等. 但这种凑的办法有一个缺点, 那就是它和解正问题 (求导) 不同, 求导所得的结果是惟一的. 而解反问题时我们事先并不知道一个函数的原函数是否只有一个. 如果它不止一个, 那么凑出来的原函数可能也有许多个, 哪一个是我们所要的呢? 这个问题的答案用下面定理的形式来表示.

定理 4.3 函数的原函数不止一个, 但任意两个原函数之差是一个常数; 反之, 一个原函数加上一个任意常数仍是一个原函数.

证明 设 $F(x)$ 和 $G(x)$ 是 $f(x)$ 的任意两个原函数, 即 $F'(x) = G'(x) = f(x)$. 于是 $F'(x) - G'(x) = (F(x) - G(x))' = 0$, 从而
$$F(x) - G(x) = C,$$
C 是一个任意的常数. 定理的后一部分也可以同样证明.

由此知道, 当 $f(x)$ 给定后, 它的原函数是一组函数, 如图 4.6 所示, 它们彼此间只相差一个任意常数. 一般把这组函数称为 $f(x)$ 的**不定积分**, 记为

$$\int f(x) \mathrm{d}x = F(x) + C,$$

其中 $F(x)$ 是 $f(x)$ 一个任意的原函数. 它们之间有以下关系:

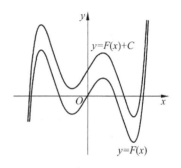

图 4.6

$$\left(\int f(x)\mathrm{d}x\right)' = f(x), \qquad \int F'(x)\mathrm{d}x = F(x) + C;$$
$$\mathrm{d}\left(\int f(x)\mathrm{d}x\right) = f(x)\mathrm{d}x, \qquad \int \mathrm{d}F(x) = F(x) + C. \tag{4.8}$$

上一行是导数的写法, 下一行是微分的写法.

4.4.2 不定积分的性质

不定积分有下面两条性质, 这里都不加以证明.

性质 1 在区间 $[a, b]$ 连续的函数有不定积分.

这个性质部分回答了不定积分的存在问题: 是否有这样的函数, 它不是任何函数的导函数? 性质 (1) 说明任何连续函数一定是某个可导函数的导函数. 那么对于不连续函数呢? 回答这个问题已经远超出了本书的范围, 这里就不讨论了.

性质 2 不定积分具有线性性质，即对任何常数 a,b，都有
$$\int (af(x) + bg(x))\mathrm{d}x = a\int f(x)\mathrm{d}x + b\int g(x)\mathrm{d}x.$$

仿照初等函数求导数的公式表，下面是一些初等函数求原函数（不定积分）的公式，列成表格形式（见表 4.2），简称积分表.

表 4.2 基本积分表 $\int f(x)\mathrm{d}x = F(x) + C$

$\int f(x)\mathrm{d}x$	$F(x) + C$
$\int k\mathrm{d}x$	$kx + C$
$\int x^{\alpha}\mathrm{d}x$	$\dfrac{1}{\alpha+1}x^{\alpha+1} + C\,(\alpha \neq -1)$
$\int \dfrac{1}{x}\mathrm{d}x$	$\ln|x| + C$
$\int a^x\mathrm{d}x$	$\dfrac{1}{\ln a}a^x + C$
$\int \mathrm{e}^x\mathrm{d}x$	$\mathrm{e}^x + C$
$\int \sin x\mathrm{d}x$	$-\cos x + C$
$\int \cos x\mathrm{d}x$	$\sin x + C$
$\int \sec^2 x\mathrm{d}x$	$\tan x + C$
$\int \csc^2 x\mathrm{d}x$	$-\cot x + C$
$\int \sec x\tan x\mathrm{d}x$	$\sec x + C$
$\int \csc x\cot x\mathrm{d}x$	$-\csc x + C$
$\int \dfrac{1}{1+x^2}\mathrm{d}x$	$\arctan x + C$
$\int \dfrac{1}{\sqrt{1-x^2}}\mathrm{d}x$	$\arcsin x + C$

4.4.3 求不定积分举例

以下我们认为表 4.2 中所列的式子都是已知的，可以直接应用其结果.

例 4.22 求 $\int (3x+2)\,\mathrm{d}x$.

解 利用 $\mathrm{d}x = \mathrm{d}(3x+2)/3$，上式可以改写为

$$\int \frac{1}{3}(3x+2)\mathrm{d}(3x+2) = \frac{1}{3}\int u\,\mathrm{d}u = \frac{1}{6}u^2 + C = \frac{1}{6}(3x+2)^2 + C.$$

此题还可以按线性关系直接求得

$$\int (3x+2)\,\mathrm{d}x = 3\int x\,\mathrm{d}x + 2\int \mathrm{d}x = \frac{3}{2}x^2 + 2x + C.$$

请验证一下这两个解是否只差一个常数.

例 4.23 求 $\int x\mathrm{e}^{x^2}\,\mathrm{d}x$.

解 利用 $x\,\mathrm{d}x = \frac{1}{2}\mathrm{d}x^2$，上式可写为

$$\int \mathrm{e}^{x^2} \cdot \frac{1}{2}\mathrm{d}x^2 = \int \mathrm{e}^u \frac{\mathrm{d}u}{2} = \frac{1}{2}\int \mathrm{e}^u\,\mathrm{d}u = \frac{\mathrm{e}^u}{2} + C = \frac{\mathrm{e}^{x^2}}{2} + C.$$

例 4.24 求 $\int \frac{1}{\sqrt{a^2 - b^2 x^2}}\,\mathrm{d}x\ (a,b > 0)$.

解 先把被积函数化为

$$\frac{1}{a\sqrt{1 - \frac{b^2}{a^2}x^2}} = \frac{1}{a\sqrt{1 - \left(\frac{b}{a}x\right)^2}},$$

然后求积分，有

$$\int \frac{1}{\sqrt{a^2 - b^2 x^2}}\,\mathrm{d}x = \frac{1}{a}\int \frac{1}{\sqrt{1 - \left(\frac{b}{a}x\right)^2}}\,\mathrm{d}x$$

$$= \frac{1}{a}\int \frac{1}{\sqrt{1 - \left(\frac{b}{a}x\right)^2}}\,\mathrm{d}\left(\frac{b}{a}x\right)\left(\frac{a}{b}\right)$$

$$= \frac{1}{a}\int \frac{1}{\sqrt{1-u^2}}\,\mathrm{d}u\left(\frac{a}{b}\right) = \frac{1}{b}\int \frac{1}{\sqrt{1-u^2}}\,\mathrm{d}u$$

$$= \frac{1}{b}\arcsin u + C = \frac{1}{b}\arcsin\left(\frac{b}{a}x\right) + C \quad (a,b>0).$$

例 4.25 求 $\int \frac{\mathrm{e}^x}{1+\mathrm{e}^{2x}}\,\mathrm{d}x$.

解 原式 $= \int \frac{1}{1+(\mathrm{e}^x)^2}\,\mathrm{d}\mathrm{e}^x = \arctan \mathrm{e}^x + C.$

例 4.26 求 $\int \cos^3 x \, dx$.

解 原式可写为
$$\int \cos^2 x \, d\sin x = \int (1 - \sin^2 x) d\sin x = \int (1 - u^2) du$$
$$= u - \frac{1}{3}u^3 + C = \sin x - \frac{1}{3}\sin^3 x + C.$$

例 4.27 求 $\int \dfrac{\sqrt{1-\sqrt{x}}}{\sqrt{x}} dx$.

解
$$\int \frac{\sqrt{1-\sqrt{x}}}{\sqrt{x}} dx = \int \sqrt{1-\sqrt{x}} \, d(2\sqrt{x})$$
$$= -2\int \sqrt{1-\sqrt{x}} \, d(1-\sqrt{x}) = -2\int \sqrt{u} \, du$$
$$= -\frac{4}{3}u^{\frac{3}{2}} + C = -\frac{4}{3}(1-\sqrt{x})^{\frac{3}{2}} + C.$$

例 4.28 求 $\int \dfrac{\ln x}{x} dx$.

解 $\int \dfrac{\ln x}{x} dx = \int \ln x \, d\ln x = \dfrac{1}{2}(\ln x)^2 + C.$

以上的例子都是通过一些初等数学(代数、三角等)中的运算加以变形,再加上变量替换,最后把不定积分变成 $\int f'(x) dx$ 的形式. 当然根据经验也可以直接作代换.

例 4.29 求 $\int \dfrac{\sin\sqrt{x}}{\sqrt{x}} dx$.

解 先作代换 $x = u^2$,微分变为 $dx = 2u \, du$,于是原式变为
$$\int \frac{\sin u}{u} 2u \, du = 2\int \sin u \, du = -2\cos u + C = -2\cos\sqrt{x} + C.$$

例 4.30 求 $\int \dfrac{x-2}{1-\sqrt{x+1}} dx$.

解 作代换 $x+1 = u^2$ 或 $x = u^2 - 1$,则 $dx = 2u \, du$. 把它们代入原式,得到
$$\int \frac{u^2 - 3}{1-u} 2u \, du = 2\int \left(-u^2 - u + 2 - \frac{2}{1-u}\right) du$$
$$= -\frac{2}{3}u^3 - u^2 + 4u + 4\ln|1-u| + C$$
$$= -\frac{2}{3}(x-5)\sqrt{x+1} - x + 4\ln|1-\sqrt{1+x}| + C.$$

4.4 不定积分

例 4.31 求 $\int x\sqrt{1+2x}\,dx$.

解 作代换 $1+2x=u^2$,则 $x=\dfrac{1}{2}(u^2-1)$,$dx=u\,du$. 原式变为

$$\int \frac{1}{2}(u^2-1)u^2\,du = \frac{1}{2}\left(\int u^4\,du - \int u^2\,du\right) = \frac{1}{10}u^5 - \frac{1}{6}u^3 + C$$
$$= \frac{1}{10}(1+2x)^{\frac{5}{2}} - \frac{1}{6}(1+2x)^{\frac{3}{2}} + C.$$

例 4.32 求 $\int \dfrac{x+1}{\sqrt{x^2+2x+3}}\,dx$.

解 作代换 $u=x^2+2x+3$,则 $du=2(x+1)dx$,原式变成

$$\frac{1}{2}\int \frac{du}{\sqrt{u}} = \sqrt{u} + C = \sqrt{x^2+2x+3} + C.$$

下面几个例子说明如何用分部积分法来求一个函数的不定积分. 其原理就是利用两个相乘函数求微分的公式

$$d(u(x)v(x)) = u(x)dv(x) + v(x)du(x),$$

或

$$u(x)dv(x) = d(u(x)v(x)) - v(x)du(x).$$

相对应的不定积分就是

$$\int u(x)dv(x) = u(x)v(x) - \int v(x)du(x).$$

例 4.33 求 $\int \ln x\,dx$.

解 用分部积分法,这里 $u(x)=\ln x$,$v(x)=x$.

$$\int \ln x\,dx = x\ln x - \int x\,d(\ln x) = x\ln x - \int dx$$
$$= x\ln x - x + C.$$

例 4.34 求 $\int x\sin x\,dx$.

解

$$\int x\sin x\,dx = -\int x\,d\cos x = -x\cos x + \int \cos x\,dx$$
$$= -x\cos x + \sin x + C.$$

例 4.35 求 $\int x\arctan x\,dx$.

解 原式可写为

$$\frac{1}{2}\int \arctan x\,dx^2 = \frac{1}{2}x^2\arctan x - \frac{1}{2}\int x^2\,d(\arctan x)$$
$$= \frac{1}{2}x^2\arctan x - \frac{1}{2}\int \frac{x^2\,dx}{1+x^2}$$

$$= \frac{1}{2}x^2 \arctan x - \frac{1}{2}\int \left(1 - \frac{1}{1+x^2}\right) dx$$

$$= \frac{1}{2}x^2 \arctan x - \frac{x}{2} + \frac{1}{2}\arctan x + C.$$

例 4.36 求 $\int e^x \sin x \, dx$.

解 用分部积分法，原式写为

$$\int e^x d(-\cos x) = -e^x \cos x + \int \cos x \, de^x$$

$$= -e^x \cos x + \int e^x d\sin x$$

$$= -e^x \cos x + e^x \sin x - \int e^x \sin x \, dx.$$

记 $I = \int e^x \sin x \, dx$，这样就得到

$$I = e^x(\sin x - \cos x) - I,$$

即

$$I = \frac{1}{2}e^x(\sin x - \cos x) + C.$$

例 4.37 求 $I = \int \sin^2 x \, dx$.

解 $I = -\int \sin x \, d\cos x = -\sin x \cos x + \int \cos^2 x \, dx$

$$= -\sin x \cos x + \int (1 - \sin^2 x) \, dx$$

$$= -\sin x \cos x + x - I,$$

于是

$$I = \frac{1}{2}(x - \sin x \cos x) + C.$$

此积分也可以利用三角公式 $\sin^2 x = \dfrac{1 - \cos 2x}{2}$ 来求.

例 4.38 求 $I = \int \sin \ln x \, dx$.

解 用分部积分法，有

$$I = x\sin \ln x - \int x \, d(\sin \ln x) = x\sin \ln x - \int x \cos \ln x \, \frac{dx}{x}$$

$$= x\sin \ln x - \int \cos \ln x \, dx$$

$$= x\sin\ln x - x\cos\ln x + \int x\mathrm{d}(\cos\ln x)$$

$$= x\sin\ln x - x\cos\ln x - \int x\sin\ln x \frac{\mathrm{d}x}{x}$$

$$= x\sin\ln x - x\cos\ln x - I,$$

于是

$$I = \frac{1}{2}(x\sin\ln x - x\cos\ln x) + C.$$

此积分也可通过 $\ln x = t$,转化为求 $\int \mathrm{e}^t \sin t \mathrm{d}t$ 的问题.

例 4.39 已知 $f(x)$ 的一个原函数为 e^{x^2},求 $\int xf'(x)\mathrm{d}x$.

解 因为 $f(x) = (\mathrm{e}^{x^2})' = 2x\mathrm{e}^{x^2}$,所以

$$\int xf'(x)\mathrm{d}x = xf(x) - \int f(x)\mathrm{d}x = 2x^2\mathrm{e}^{x^2} - \mathrm{e}^{x^2} + C.$$

例 4.40 求 $\int \frac{1}{x(1+x^5)}\mathrm{d}x$.

解 由于

$$\int \frac{1}{x(1+x^5)}\mathrm{d}x = \int \frac{x^4}{x^5(1+x^5)}\mathrm{d}x = \frac{1}{5}\int \frac{1}{x^5(1+x^5)}\mathrm{d}x^5,$$

且

$$\int \frac{1}{u(1+u)}\mathrm{d}u = \int\left(\frac{1}{u} - \frac{1}{1+u}\right)\mathrm{d}u = \ln\left|\frac{u}{1+u}\right| + C,$$

所以

$$\int \frac{1}{x(1+x^5)}\mathrm{d}x = \frac{1}{5}\ln\left|\frac{x^5}{1+x^5}\right| + C.$$

类似地可以求不定积分 $\int \frac{1}{x(1+x^n)}\mathrm{d}x$.

此类不定积分也可以化为

$$\int \frac{1}{x(1+x^n)}\mathrm{d}x = \int \frac{1+x^n-x^n}{x(1+x^n)}\mathrm{d}x = \int\left(\frac{1}{x} - \frac{x^{n-1}}{1+x^n}\right)\mathrm{d}x.$$

习题 4.4

1. 求满足下列条件的函数 $f(x)$:

(1) $f'(x) = 4x$, $f(0) = 2$;   (2) $f'(x) = 2\sqrt{x}$, $f(0) = 1$;

(3) $f'(x)=\dfrac{2}{\sqrt{x}}$, $f(0)=3$;　　(4) $f'(x)=\dfrac{1}{x^2}$, $f(1)=1$;

(5) $f'(x)=\dfrac{1}{1+x}$, $f(0)=0$;　　(6) $f'(x)=\mathrm{e}^{2x}$, $f(0)=1$.

2. 求下列不定积分：

(1) $\displaystyle\int(3x^2+2x+1)\mathrm{d}x$;　　(2) $\displaystyle\int x\sqrt{x}\,\mathrm{d}x$;

(3) $\displaystyle\int\dfrac{1}{\sqrt{x}}\mathrm{d}x$;　　(4) $\displaystyle\int\dfrac{1}{x^2}\mathrm{d}x$;

(5) $\displaystyle\int\left(\sqrt[3]{x^2}+\dfrac{1}{\sqrt[4]{x^5}}\right)\mathrm{d}x$;　　(6) $\displaystyle\int\left(x\sqrt{x}-\dfrac{1}{\sqrt{x}}\right)\mathrm{d}x$;

(7) $\displaystyle\int\dfrac{1}{(x+1)^3}\mathrm{d}x$;　　(8) $\displaystyle\int\dfrac{1}{(2x+1)^4}\mathrm{d}x$;

(9) $\displaystyle\int 2^x\mathrm{e}^x\mathrm{d}x$;　　(10) $\displaystyle\int\dfrac{2\cdot 3^x-5\cdot 2^x}{3^x}\mathrm{d}x$;

(11) $\displaystyle\int(\sec x+\tan x)\tan x\,\mathrm{d}x$;　　(12) $\displaystyle\int\sin^2\dfrac{x}{2}\mathrm{d}x$;

(13) $\displaystyle\int\dfrac{\cos 2x}{\cos x+\sin x}\mathrm{d}x$;　　(14) $\displaystyle\int\dfrac{\cos 2x}{\sin^2 x\cos^2 x}\mathrm{d}x$.

3. 一球从 200 m 的高处由静止开始自由下落，若重力加速度的值取为 9.8 m/s²，求此球到达地面所用的时间及其到达地面时的速度．

4. 从地面垂直向上扔一石块，若此石块达到的最大高度是 25 m，求此石块的初始速度．

5. 速度为 60 km/h 的汽车制动后滑行了 176 m．若制动加速度是一个常数，求此常数的值．

6. 求下列不定积分：

(1) $\displaystyle\int\dfrac{1}{2x+1}\mathrm{d}x$;　　(2) $\displaystyle\int\mathrm{e}^{3x}\mathrm{d}x$;

(3) $\displaystyle\int\dfrac{1}{\sqrt{1-2x}}\mathrm{d}x$;　　(4) $\displaystyle\int\sin 2x\,\mathrm{d}x$;

(5) $\displaystyle\int\dfrac{\ln^2 x}{x}\mathrm{d}x$;　　(6) $\displaystyle\int\dfrac{1}{x^2}\mathrm{e}^{\frac{1}{x}}\mathrm{d}x$;

(7) $\displaystyle\int x^2\mathrm{e}^{x^3}\mathrm{d}x$;　　(8) $\displaystyle\int\mathrm{e}^{x^2+\ln x}\mathrm{d}x$;

(9) $\displaystyle\int\dfrac{\cos\sqrt{x}}{\sqrt{x}}\mathrm{d}x$;　　(10) $\displaystyle\int\dfrac{\mathrm{d}x}{\sqrt{x}(1+x)}$;

(11) $\int \dfrac{x}{\sqrt{1+x^2}}\mathrm{d}x$;

(12) $\int \dfrac{x}{x^2+x+1}\mathrm{d}x$;

(13) $\int \dfrac{\mathrm{d}x}{\mathrm{e}^x+\mathrm{e}^{-x}}$;

(14) $\int \dfrac{\mathrm{e}^x}{\cos^2 \mathrm{e}^x}\mathrm{d}x$;

(15) $\int \cos^2 x\,\mathrm{d}x$;

(16) $\int \dfrac{\sin x}{\cos^2 x}\mathrm{d}x$;

(17) $\int \dfrac{x^3}{1+x^2}\mathrm{d}x$;

(18) $\int \dfrac{2^{\arcsin x}}{\sqrt{1-x^2}}\mathrm{d}x$;

(19) $\int \dfrac{\ln(\arctan x)}{(1+x^2)\arctan x}\mathrm{d}x$;

(20) $\int \dfrac{1+\ln x}{(x\ln x)^2}\mathrm{d}x$;

(21) $\int \dfrac{x^2}{(x+1)^3}\mathrm{d}x$;

(22) $\int \dfrac{\mathrm{d}x}{x(1+x^6)}$.

7. 求下列不定积分：

(1) $\int \dfrac{\mathrm{e}^{\sqrt{x}}}{\sqrt{x}}\mathrm{d}x$;

(2) $\int \dfrac{1}{\sqrt[3]{x^2}}\sin\sqrt[3]{x}\,\mathrm{d}x$;

(3) $\int \dfrac{\mathrm{d}x}{1+\sqrt{2x}}$;

(4) $\int \sqrt{\mathrm{e}^x-1}\,\mathrm{d}x$;

(5) $\int \dfrac{\mathrm{d}x}{1+\sqrt{1-x^2}}$;

(6) $\int \dfrac{\mathrm{d}x}{x\sqrt{x^2+1}}$;

(7) $\int \dfrac{\mathrm{d}x}{x\sqrt{x^2-1}}$;

(8) $\int \dfrac{x^2}{\sqrt{1-x^2}}\mathrm{d}x$.

8. 求下列不定积分：

(1) $\int (x+1)\mathrm{e}^x\mathrm{d}x$;

(2) $\int x^2 \sin x\,\mathrm{d}x$;

(3) $\int \cos\sqrt[3]{x}\,\mathrm{d}x$;

(4) $\int \mathrm{e}^{\sqrt{x+1}}\,\mathrm{d}x$;

(5) $\int (x+1)\ln x\,\mathrm{d}x$;

(6) $\int \ln^2 x\,\mathrm{d}x$;

(7) $\int \arctan x\,\mathrm{d}x$;

(8) $\int \mathrm{e}^x \arctan \mathrm{e}^x\,\mathrm{d}x$;

(9) $\int x\arcsin x\,\mathrm{d}x$;

(10) $\int x\sin x\cos x\,\mathrm{d}x$;

(11) $\int (\arcsin x)^2\,\mathrm{d}x$;

(12) $\int x\ln^3 x\,\mathrm{d}x$;

(13) $\int \mathrm{e}^x \sin^2 x\,\mathrm{d}x$;

(14) $\int \cos(\ln x)\,\mathrm{d}x$;

(15) $\int \sec^3 x\,\mathrm{d}x$;

(16) $\int \sqrt{2-x^2}\,\mathrm{d}x$.

复习题 4

1. 利用微分定义证明近似公式
$$\sqrt[n]{a^n+x} \approx a + \frac{x}{na^{n-1}} \quad (a>0),$$
其中 $|x| \ll a^n$，并利用此公式计算：

(1) $\sqrt[3]{29}$； (2) $\sqrt[10]{1000}$.

2. 设 $f(x)$ 在 (a,b) 内具有二阶导数，$a<x_1<x_2<x_3<b$，且 $f(x_1)=f(x_2)=f(x_3)$，证明存在 $\xi \in (a,b)$ 使得 $f''(\xi)=0$.

3. 设 $f(x)$ 在 $(-\infty,+\infty)$ 内具有 n 阶导数，$P_n(x)=a_0x^n+a_1x^{n-1}+\cdots+a_{n-1}x+a_n$ 为 n 次多项式，如果存在 $n+1$ 个相异的点 $x_1,x_2,\cdots,x_{n+1}$ 使得 $f(x_k)=P(x_k)$ $(k=1,2,\cdots,n+1)$，证明存在 ξ，使得 $a_0=\dfrac{f^{(n)}(\xi)}{n!}$.

4. 设 $f(x)$ 在 $[0,1]$ 上连续，在 $(0,1)$ 内可导，且 $f(0)=f(1)=0$，证明存在 $\xi \in (0,1)$，使得 $|f'(\xi)| \geqslant 2M$，其中 $M = \max\limits_{a \leqslant x \leqslant b}\{|f(x)|\}$.

5. 已知函数 $f(x)$ 在点 x_0 附近有 $n+1$ 阶连续导数，且
$$f'(x_0)=f''(x_0)=\cdots=f^{(n)}(x_0)=0, \quad f^{(n+1)}(x_0) \neq 0,$$
证明：若 n 为奇数，则 x_0 是 $f(x)$ 的极值点；若 n 为偶数，则 x_0 不是 $f(x)$ 的极值点.

6. 求下列不定积分：

(1) $\displaystyle\int \frac{\arctan\dfrac{1}{x}}{1+x^2}\mathrm{d}x$；

(2) $\displaystyle\int \arcsin\sqrt{\dfrac{x}{1+x}}\mathrm{d}x$；

(3) $\displaystyle\int \frac{x\mathrm{e}^{-x}}{(1+\mathrm{e}^{-x})^2}\mathrm{d}x$；

(4) $\displaystyle\int \frac{1+x}{x(1+x\mathrm{e}^x)}\mathrm{d}x$.

定 积 分

第 5 章

5.1 定积分的定义

在介绍定积分之前,先建立一个不定积分最常见的一个数学模型——一类特殊四边形的面积,这类四边形的两边为与 y 轴平行的直线,另一边为 x 轴,最后一边为一条以 $y=f(x)\geqslant 0$ 为方程的曲线,我们称之为曲边四边形(如图 5.1).

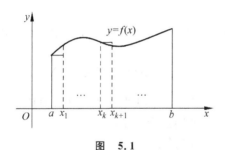

图 5.1

现在来求曲边四边形的面积. 先把线段 ab 等分为小段,每一小段长度为 $h=\dfrac{b-a}{n}$,它们的端点坐标分别是 $x=a, x=a+h, x=a+2h, \cdots, x=a+nh=b$. 在这些点上的函数值分别为 $f(a), f(a+h), f(a+2h), \cdots, f(b-h), f(b)$. 以 h 为底边长,$f(a+kh)(k=0,1,2,\cdots,n-1)$ 为高度的小矩形的面积是 $f(a+kh)h$. 如果记 $a+kh=x_k, h=\Delta x=\mathrm{d}x$,则小矩形的面积可写成 $f(x_k)\mathrm{d}x$,当 $h\to 0$ 时,它就是某个函数在 $x=x_k$ 处的微分. 如果函数 $f(x)$ 有原函数(不定积分)$F(x)$(注意:在 4.4.2 节中曾提到,只要 $f(x)$ 是连续函数,就可以保证它有原函数),那么就有 $F'(x)=f(x)$.

我们自然把 $f(x_k)\mathrm{d}x$ 对 k 的总和(小矩形面积之和)近似地看作是上述曲边四边形的面积. 根据微分的定义,有

$$F(a+h) - F(a) = f(a)h + o_1(h),$$
$$F(a+2h) - F(a+h) = f(a+h)h + o_2(h),$$
$$\vdots$$
$$F(a+kh) - F(a+(k-1)h) = f(a+(k-1)h)h + o_k(h),$$
$$\vdots$$
$$F(b) - F(b-h) = f(b-h)h + o_n(h).$$

把上面各式两边相加,左端消去中间各项,最后得到

$$F(b) - F(a) = \sum_{k=1}^{n} f(a+(k-1)h)h + \sum_{k=1}^{n} o_k(h),$$

或

$$\sum_{k=1}^{n} f(a+(k-1)h)h = (F(b) - F(a)) - \sum_{k=1}^{n} o_k(h). \tag{5.1}$$

注意 $h = \dfrac{b-a}{n}$,所以 $h \to 0$ 就表示 $n \to \infty$,因此左端和右端后一项都是 $h \to 0$ 时无穷小量的无穷和. 如果 $\sum\limits_{k=1}^{n} o_k(h) = o(1)(n \to \infty)$,根据函数极限的定义,左端函数当 $h \to 0$ 时的极限就是 $(F(b) - F(a))$. 虽然条件 $\sum\limits_{k=1}^{n} o_k(h) = o(1)(n \to \infty)$ 对于在 $[a,b]$ 连续的函数是成立的,但证明这一点目前还有难度. 现在我们对函数 $f(x)$ 加上一些条件来证明这个式子成立.

假设 $f(x)$ 在 (a,b) 可微,而且 $|f'(x)| \leqslant M$. 这是对 $f(x)$ 可以用中值公式的条件. 我们就在这个假设下证明 $\sum\limits_{k=1}^{n} o_k(h) = o(1)(n \to \infty)$ 成立.

对于任意一项 $o_k(h)(k=1,2,\cdots,n)$,利用中值公式有

$$o_k(h) = (F(a+kh) - F(a+(k-1)h)) - f(a+(k-1)h)h$$
$$= f(a+c_k h)h - f(a+(k-1)h)h,$$

其中 $k-1 < c_k < k$. 对上式右端再应用一次中值公式得

$$o_k(h) = (f(a+c_k h) - f(a+(k-1)h))h = f'(a+d_k h)h^2,$$

其中 $k-1 < d_k < c_k < k$. 因为 $|f'(x)| \leqslant M$,就得到对任意的 $k=1,2,\cdots,n$. 都有

$$|o_k(h)| \leqslant Mh^2 = \frac{M(b-a)}{n} \cdot h = \frac{1}{n} \cdot M(b-a)h.$$

于是 $\left|\sum_{k=1}^{n} o_k(h)\right| \leqslant \frac{1}{n}\sum_{k=1}^{n} M(b-a)h = M(b-a)h = o(1)$. 证毕.

有了以上的证明,我们就可以说,在上述条件下,下列极限成立:
$$\lim_{n\to\infty}\left(\sum_{k=1}^{n} f(a+(k-1)h)h\right) = F(b) - F(a). \tag{5.2}$$

以上所讲的只是一个求特殊曲边四边形面积的数学模型,但这种把求非均匀对象(曲边四边形)的某种数值(面积)转化为求对象的均匀局部(小矩形)相应数值的和,然后求其极限的思想,则是微积分的精华所在.

* 在讨论无穷小时,曾提到"无穷多个无穷小的求和"问题. 一般来说,这个问题无法直接回答. 但在由求曲边四边形的面积而引出函数的定积分的过程中,我们看到把曲边四边形的面积细分为 n 个宽度为 $h=\frac{b-a}{n}$ 的小曲边四边形之和,然后用小矩形来逼近每个小曲边四边形,每个小矩形都造成一个无穷小量($o(h)$量级)的误差. 当等分越来越细(h 越来越小),同时小矩形的个数 n 越来越多,每个小矩形所造成的误差也越积越多 $\left(\sum_{k=1}^{n} o_k(h)\right)$. 这就是一个无穷多个无穷小求和的问题. 在微分中我们对这种对函数增量的线性逼近的误差已经有了估计,知道这个"无穷多个无穷小(以小矩形面积代替小曲边四边形面积所引起的误差)之和"还是一个无穷小,即 $o(1)$.

上面已说过,关于 $f(x)$ 及 $f'(x)$ 的条件只是式(5.2)成立的充分条件,并非必要条件,甚至 $f(x)$ 在 $[a,b]$ 上连续这一条件也只是一个充分条件(虽然我们还没有证明). 对于一般的函数 $f(x)$,我们定义:一个在 $[a,b]$ 上有原函数 $F(x)$ 而且满足式(5.2)的函数 $f(x)$ 称为在 $[a,b]$ 可积,而把式(5.2)左边的极限记为 $\int_a^b f(x)\mathrm{d}x$,并称之为函数 $f(x)$ 在 $[a,b]$ 上的定积分. 对于连续函数 $f(x)$,它一定可积,由此我们引出下面的定义.

定义 5.1 设函数 $f(x)$ 在区间 $I=[c,d]$ 连续,$a,b \in I$,$f(x)$ 的不定积分为 $F(x)$,则定义函数 $f(x)$ 在 $[a,b]$ 上的定积分 $\int_a^b f(x)\mathrm{d}x$ 为 $F(b) - F(a)$,即
$$\int_a^b f(x)\mathrm{d}x = F(b) - F(a). \tag{5.3}$$

一般把上式的右端简记为 $F(x)\big|_a^b$,它表示一个无穷和(或有限和的极限)(5.2). 这个式子就是有名的**牛顿-莱布尼茨公式**或**微积分基本公式**.

* 我们给出微积分基本公式的物理解释.

设往桶中以变速度 $v(t)$ 注水,设水面面积为 1,而在 t 时刻水面高度为

$S(t)$,求从时刻 t' 到 t'' 之间的注水总量.

我们把时段 $[t',t'']$ 等分为 n 个小时段 $[t',t_1],[t_1,t_2],\cdots,[t_{k-1},t_k],\cdots$,$[t_{n-1},t'']$,每段长度为 h.

假设在每一小段 $[t_{k-1},t_k]$ 内,速度为常数 $v(t)=v(t_{k-1})$,$(t_{k-1}\leqslant t<t_k)$,则在这一小段时间内,水面升高了 $v(t_{k-1})h$;从而 t' 到 t'' 这段时间内,水面共升高了

$$\lim_{n\to\infty}\left(\sum_{k=1}^{n}v(t_{k-1})h\right)=\int_{t'}^{t''}v(t)\mathrm{d}t.$$

根据定义,左边这个值又应等于 $S(t'')-S(t')$. 又因为 $S'(t)=v(t)$,所以得到微积分基本定理:

$$S(t'')-S(t')=\int_{t'}^{t''}S'(t)\mathrm{d}t.$$

定积分有两个组成的要素:被积函数 $y=f(x)$;定积分的下、上限 $x=a$ 与 $x=b$. 定积分的计算也很直接,先求被积函数的原函数,然后把上、下限代入求其差.

* 我们用 $f(x)$ 的原函数在两个端点的差值来定义 $f(x)$ 的定积分. 注意 $f(x)$ 的原函数不是惟一的,要使这个定义有意义,必须说明 $f(x)$ 的不同原函数在端点的差值是不变的. 这一点只需利用 $f(x)$ 不同的原函数只差一个常数就可以说明.

* 注意不定积分和定积分的区别为前者是一个函数而后者是一个数值.

* 我们可以把 $f(x)$ 在 $[c,d]$ 上连续的条件稍微放宽一点,即可以假定 $f(x)$ 在 $[c,d]$ 上"分段连续". 一个在 $[c,d]$ 上分段连续的函数是这样的一些函数:可以把 $[c,d]$ 分为有限段 $[c,c_1],[c_1,c_2],\cdots,[c_{n-1},d]$,在每一段 $[c_k,c_{k+1}]$ 上,函数是连续的,而端点 $c,c_1,c_2,\cdots,c_{n-1},d$ 只可能是 $f(x)$ 的第一类间断点. 利用可加性(见后),定义

$$\int_c^d f(x)\mathrm{d}x=\int_c^{c_1^-}f(x)\mathrm{d}x+\int_{c_1^+}^{c_2^-}f(x)\mathrm{d}x+\cdots+\int_{c_{n-1}^+}^d f(x)\mathrm{d}x.$$

* 对于在区间 $[a,b]$ 上非正的函数 $f(x)$,我们定义

$$\int_a^b f(x)\mathrm{d}x=-\int_a^b |f(x)|\mathrm{d}x;$$

如果 $f(x)$ 在 $[a,c]$ 上非负,但在 $[c,d]$ 上非正,则定义

$$\int_a^b f(x)\mathrm{d}x=\int_a^c f(x)\mathrm{d}x-\int_c^d |f(x)|\mathrm{d}x.$$

其余可类推.

例 5.1 求 $\int_{-1}^{1}x^2\mathrm{d}x$.

解 原函数为 $F(x)=\dfrac{1}{3}x^3$,所以

$$原式 = \frac{1}{3} - \left(-\frac{1}{3}\right) = \frac{2}{3}.$$

例 5.2 求 $\int_0^1 \sqrt{1-x^2}\,\mathrm{d}x$.

解 先求被积函数的原函数. 作代换 $x = \sin t$, 则 $\mathrm{d}x = \cos t\,\mathrm{d}t$, 当 $x = 0$ 时, $t = 0$; 当 $x = 1$ 时, $t = \frac{\pi}{2}$. 于是,

$$\int \sqrt{1-\sin^2 t}\cos t\,\mathrm{d}t = \int \cos^2 t\,\mathrm{d}t = \int \frac{1+\cos 2t}{2}\,\mathrm{d}t = \frac{1}{2}\left(t + \frac{\sin 2t}{2}\right).$$

因此, 原式 $= \frac{1}{2}\left(\frac{\pi}{2} - 0\right) - 0 = \frac{\pi}{4}$.

此题中的定积分值正好是单位圆面积的四分之一.

例 5.3 求 $\int_{-2}^2 \sin^7 x\,\mathrm{d}x$.

解 上面已经约定: 把定积分看成面积, x 轴以上的面积为正, 在其下的面积为负. 现在被积函数 $\sin^7 x$ 是一个奇函数, 而积分的上下限关于原点对称, 所以正负面积正好互相抵消, 积分值为 0.

5.2 定积分的性质

根据定积分的定义, 可以推出一些有用的性质:

性质 1(线性性质) 如果函数 $f(x), g(x)$ 在 $[a,b]$ 都有不定积分(简称可积), λ, μ 是任意常数, 则函数 $\lambda f(x) + \mu g(x)$ 也在 $[a,b]$ 可积, 而且

$$\int_a^b (\lambda f(x) + \mu g(x))\,\mathrm{d}x = \lambda \int_a^b f(x)\,\mathrm{d}x + \mu \int_a^b g(x)\,\mathrm{d}x. \tag{5.4}$$

证明 记 $F(x) = \int f(x)\,\mathrm{d}x, G(x) = \int g(x)\,\mathrm{d}x$, 则

右端 $= \lambda(F(b) - F(a)) + \mu(G(b) - G(a))$
$= (\lambda F(b) + \mu G(b)) - (\lambda F(a) + \mu G(a)) = $ 左端.

性质 2(可加性) 如果函数 $f(x)$ 在 $[\alpha, \beta]$ 可积, $a,b,c \in [\alpha, \beta]$, 则

$$\int_a^b f(x)\,\mathrm{d}x = \int_a^c f(x)\,\mathrm{d}x + \int_c^b f(x)\,\mathrm{d}x. \tag{5.5}$$

证明 设 $f(x)$ 的不定积分为 $F(x)$, 则

右端 $= F(c) - F(a) + F(b) - F(c) = F(b) - F(a) = $ 左端.

由这一性质可以推出, 当 $a = b$ 时, 对任意 $a, c \in [\alpha, \beta]$, 都有

$$\int_a^c f(x)\,\mathrm{d}x = -\int_c^a f(x)\,\mathrm{d}x. \tag{5.6}$$

性质 3（有序性） 如果函数 $f(x),g(x)$ 在 $[a,b]$ 都可积，而且在 $[a,b]$ 处处满足 $f(x) \leqslant g(x)$，则必有

$$\int_a^b f(x)\mathrm{d}x \leqslant \int_a^b g(x)\mathrm{d}x.$$

证明 利用线性性质，这个性质可以叙述为如果 $f(x) \geqslant 0$，则必有 $\int_a^b f(x)\mathrm{d}x \geqslant 0$. 现在来证这一结论.

记 $f(x)$ 的不定积分为 $F(x)$，则有 $F'(x) = f(x) \geqslant 0$，于是函数 $F(x)$ 在 $[a,b]$ 单调增加，又因为 $b > a$，所以

$$\int_a^b f(x)\mathrm{d}x = F(b) - F(a) \geqslant 0.$$

性质 4 如果 $f(x)$ 在 $[a,b]$ 连续，则

$$\left|\int_a^b f(x)\mathrm{d}x\right| \leqslant \int_a^b |f(x)|\mathrm{d}x. \tag{5.7}$$

证明 由于 $|f(x)|$ 也是连续函数，所以它也是可积的. 再利用不等式

$$-|f(x)| \leqslant f(x) \leqslant |f(x)|$$

以及有序性，即得所要的结论.

性质 5（积分中值定理） 如果函数 $f(x)$ 在 $[a,b]$ 连续，则必有一点 $c \in [a,b]$，使下式成立：

$$\int_a^b f(x)\mathrm{d}x = f(c)(b-a). \tag{5.8}$$

证明 设 $f(x)$ 的不定积分为 $F(x)$，它是一个在 $[a,b]$ 的可微函数，因此对它可以应用微分中值定理，也就是存在 c，使得

$$F(b) - F(a) = F'(c)(b-a) = f(c)(b-a).$$

这就是要求的结果.

这个性质的几何解释是明显的（见图 5.2）. 它说明当函数 $f(x)$ 连续时，图中曲边四边形的面积 $\int_a^b f(x)\mathrm{d}x$ 恰好等于一个矩形的面积，此矩形的底为 $b-a$、高为 $f(c)$. 所以 $f(c)$ 又叫做 $f(x)$ 在 $[a,b]$ 区间的"平均值".

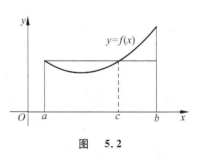

图 5.2

习题 5.2

1. 利用牛顿-莱布尼茨公式计算下列定积分：

(1) $\int_0^1 (2x+1)\mathrm{d}x$;

(2) $\int_0^1 \mathrm{e}^x \mathrm{d}x$;

(3) $\int_1^3 \dfrac{6}{x^2}\mathrm{d}x$;

(4) $\int_1^3 \dfrac{x^4+1}{x^2}\mathrm{d}x$;

(5) $\int_1^4 \dfrac{1}{\sqrt{x}}\mathrm{d}x$;

(6) $\int_0^1 (3x^2+\sqrt{x})\mathrm{d}x$;

(7) $\int_0^1 \mathrm{e}^{2x}\mathrm{d}x$;

(8) $\int_1^{\mathrm{e}} x\ln x\,\mathrm{d}x$;

(9) $\int_0^{\pi} \sin^2 x \cos x\,\mathrm{d}x$;

(10) $\int_0^{\frac{\pi}{8}} \sec^2 2x\,\mathrm{d}x$.

2. 利用定积分的几何意义和性质计算下列定积分：

(1) $\int_0^1 x\,\mathrm{d}x$;

(2) $\int_0^a \sqrt{a^2-x^2}\,\mathrm{d}x\ (a>0)$;

(3) $\int_{-a}^a b\sqrt{1-\dfrac{x^2}{a^2}}\,\mathrm{d}x\ (a,b>0)$;

(4) $\int_{-2}^2 (x+1)\sqrt{4-x^2}\,\mathrm{d}x$.

3. 比较下列各组定积分值的大小：

(1) $\int_0^{\frac{\pi}{4}} \cos x\,\mathrm{d}x$ 与 $\int_0^{\frac{\pi}{4}} \sin x\,\mathrm{d}x$;

(2) $\int_0^1 \sqrt{1+x^2}\,\mathrm{d}x$ 与 $\int_0^1 \sqrt{1+x}\,\mathrm{d}x$;

(3) $\int_0^1 \dfrac{1}{1+\sqrt{x}}\mathrm{d}x$ 与 $\int_0^1 \dfrac{\mathrm{d}x}{1+x^2}$;

(4) $\int_1^2 \mathrm{e}^x\,\mathrm{d}x$ 与 $\int_1^2 \mathrm{e}^{x^2}\,\mathrm{d}x$;

(5) $\int_0^1 x\,\mathrm{d}x$ 与 $\int_0^1 \ln(1+x)\,\mathrm{d}x$;

(6) $\int_0^1 \dfrac{x}{1+x}\mathrm{d}x$ 与 $\int_0^1 \ln(1+x)\,\mathrm{d}x$.

4. 设 $f(x),f'(x)$ 在 $[a,b]$ 连续，试由积分中值公式推出微分中值公式。

5.3 定积分的计算

利用定积分的性质可以简化计算.

如果积分的上、下限关于原点对称，即积分区间是 $[-a,a]$，则奇函数在其上的积分为 0；而偶函数在其上的积分是在 $[0,a]$ 上积分的两倍. 例如，
$$\int_{-a}^a x\sin x\,\mathrm{d}x = 2\int_0^a x\sin x\,\mathrm{d}x.$$

如果函数 $f(x)$ 在区间 $[a,b]$ 上"分段连续",即 $f(x)$ 在其中除了有限个第一类间断点 $a_1,a_2,\cdots,a_n$ 以外处处连续,则可以定义

$$\int_a^b f(x)\mathrm{d}x = \int_a^{a_1} f(x)\mathrm{d}x + \int_{a_1}^{a_2} f(x)\mathrm{d}x + \cdots + \int_{a_n}^b f(x)\mathrm{d}x.$$

例如

$$\int_{-1}^4 \mathrm{sgn}\,x\mathrm{d}x = \int_{-1}^0 \mathrm{sgn}\,x\mathrm{d}x + \int_0^4 \mathrm{sgn}\,x\mathrm{d}x = -\int_{-1}^0 1\mathrm{d}x + \int_0^4 1\mathrm{d}x = -1 + 4 = 3.$$

前面已经说过,定积分的计算就是回到不定积分.其中很多是靠经验来"凑",但也有一些行之有效的方法;前面所提到的代换法和分部积分法是比较重要而常用的,其他还有一些方法这里就不提了.好在现今求不定积分的数学软件有很多,甚至一些计算器中也具备求不定积分的功能.

下面再举几个例子.

例 5.4 求定积分 $\int_0^{2\pi} \sqrt{1+\cos x}\,\mathrm{d}x$.

解 利用三角公式 $\sqrt{1+\cos x} = \sqrt{2\cos^2 \dfrac{x}{2}}$,这里要注意的是开方出来的应该是非负数,所以

$$\sqrt{1+\cos x} = \begin{cases} \sqrt{2}\cos \dfrac{x}{2}, & x \in [0,\pi], \\ -\sqrt{2}\cos \dfrac{x}{2}, & x \in [\pi,2\pi], \end{cases}$$

于是

$$\int_0^{2\pi} \sqrt{1+\cos x}\,\mathrm{d}x = \sqrt{2}\int_0^{\pi} \cos \dfrac{x}{2}\mathrm{d}x - \sqrt{2}\int_{\pi}^{2\pi} \cos \dfrac{x}{2}\mathrm{d}x$$
$$= 2\sqrt{2}(1-0) - 2\sqrt{2}(0-1) = 4\sqrt{2}.$$

例 5.5 求定积分 $\int_0^1 \dfrac{\mathrm{d}x}{1+\sqrt{x}}$.

解 作代换 $t=\sqrt{x}$,则 $x=t^2, \mathrm{d}x=2t\mathrm{d}t$,

$$\dfrac{\mathrm{d}x}{1+\sqrt{x}} = \dfrac{2t\mathrm{d}t}{1+t} = 2\left(1 - \dfrac{1}{1+t}\right)\mathrm{d}t.$$

又 $x=0$ 时,$t=0$;$x=1$ 时,$t=1$. 所以

$$原式 = 2\int_0^1 \left(1 - \dfrac{1}{1+t}\right)\mathrm{d}t = 2(t - \ln(1+t))\Big|_0^1 = 2 - 2\ln 2.$$

例 5.6 求定积分 $\int_{-1}^1 \dfrac{\mathrm{d}x}{1+\sqrt{x}}$.

解 这个定积分没有意义,因为被积函数的定义域不能包含负数,而积分

区间$[-1,1]$包含了负数.

一般对定积分$\int_a^b f(x)\mathrm{d}x$作代换$x=\phi(t),\mathrm{d}x=\phi'(t)\mathrm{d}t$时,要注意$\phi$应该有反函数$\phi^{-1}$,这样才能确定新的积分上下限$\alpha=\phi^{-1}(a),\beta=\phi^{-1}(b)$,从而原式就变成下面定积分变量代换的基本公式:

$$\int_a^b f(x)\mathrm{d}x=\int_\alpha^\beta f(\phi(t))\mathrm{d}\phi(t)=\int_\alpha^\beta f(\phi(t))\phi'(t)\mathrm{d}t.$$

例 5.7 设函数$f(x)$连续,证明$\int_{-a}^a f(x)\mathrm{d}x=\int_0^a [f(x)+f(-x)]\mathrm{d}x$.

证明 因为

$$\int_{-a}^a f(x)\mathrm{d}x=\int_{-a}^0 f(x)\mathrm{d}x+\int_0^a f(x)\mathrm{d}x,$$

且

$$\int_{-a}^0 f(x)\mathrm{d}x\xrightarrow{x=-t}\int_a^0 f(-t)(-\mathrm{d}t)=\int_0^a f(-t)\mathrm{d}t=\int_0^a f(-x)\mathrm{d}x,$$

所以

$$\int_{-a}^a f(x)\mathrm{d}x=\int_0^a f(x)\mathrm{d}x+\int_0^a f(-x)\mathrm{d}x=\int_0^a [f(x)+f(-x)]\mathrm{d}x.$$

例 5.8 设函数$f(x)$连续,证明$\int_0^\pi xf(\sin x)\mathrm{d}x=\dfrac{\pi}{2}\int_0^\pi f(\sin x)\mathrm{d}x$.

证明 令$x=\pi-t$得

$$\int_0^\pi xf(\sin x)\mathrm{d}x=\int_\pi^0 (\pi-t)f(\sin(\pi-t))(-\mathrm{d}x)$$

$$=\int_0^\pi (\pi-t)f(\sin t)\mathrm{d}t$$

$$=\int_0^\pi \pi f(\sin t)\mathrm{d}t-\int_0^\pi tf(\sin t)\mathrm{d}t$$

$$=\pi\int_0^\pi f(\sin x)\mathrm{d}x-\int_0^\pi xf(\sin x)\mathrm{d}x,$$

所以

$$\int_0^\pi xf(\sin x)\mathrm{d}x=\dfrac{\pi}{2}\int_0^\pi f(\sin x)\mathrm{d}x.$$

例 5.9 求定积分$\int_1^2 \dfrac{\ln x}{x^2}\mathrm{d}x$.

解 这是一个利用分部积分法的典型题目.

原式可写成

$$-\int_1^2 \ln x\,\mathrm{d}\left(\dfrac{1}{x}\right)=-\dfrac{\ln x}{x}\bigg|_1^2+\int_1^2 \dfrac{1}{x}\mathrm{d}(\ln x)=-\dfrac{\ln 2}{2}+\int_1^2 \dfrac{\mathrm{d}x}{x^2}$$

$$=-\frac{\ln 2}{2}-\frac{1}{x}\Big|_1^2=\frac{\ln 2+1}{2}.$$

一个定积分的上(下)限如果是一个连续变量 x,即形如 $\int_a^x f(t)\mathrm{d}t$,则称之为变上(下)限积分. 这时, $\int_a^x f(t)\mathrm{d}t$ 不再是一个确定的数,而是 x 的一个函数,而且等式 $\int_a^x f(t)\mathrm{d}t = F(x)-F(a)$ 也成立. 如果函数 $f(x)$ 在 $[a,b]$ 连续,则 $\int_a^x f(t)\mathrm{d}t$ 是 x 的可微函数,而且有

$$\left(\int_a^x f(t)\mathrm{d}t\right)' = f(x).$$

再进一步,如果函数 $g(x)$ 可微,且它的值域含于 $[a,b]$,则 $\int_a^{g(x)} f(t)\mathrm{d}t$ 是一个 x 的可微函数,而且

$$\left(\int_a^{g(x)} f(t)\mathrm{d}t\right)' = f(g(x))g'(x).$$

对于下限也有同样的结论. 一般来说,如果函数 $f(x)$ 在 $[a,b]$ 连续,而可微函数 $g(x), h(x)$ 的值域都在 $[a,b]$ 内,则下式成立:

$$\left(\int_{h(x)}^{g(x)} f(t)\mathrm{d}t\right)' = f(g(x))g'(x) - f(h(x))h'(x).$$

例 5.10 求 $\left(\int_{x^3}^{x^2} \ln t\,\mathrm{d}t\right)'$.

解 根据上式可得

$$原式 = \ln x^2 (x^2)' - \ln x^3 (x^3)' = 4x\ln x - 9x^2 \ln x.$$

* 对定积分来讲,被积函数的变量用什么记号并不重要,只要与自变量微分所用的一致就行,例如 $\int_a^b f(x)\mathrm{d}x, \int_a^b f(t)\mathrm{d}t, \int_a^b f(\xi)\mathrm{d}\xi$ 表示的都是同样的数,所以人们有时就用变上限的定积分 $\int^x f(t)\mathrm{d}t$ 来表示不定积分 $\int f(x)\mathrm{d}x$,其中定积分的下限省去不写表示那是一个任意常数.

习题 5.3

1. 计算下列定积分的值:

(1) $\int_0^2 x|x-1|\,\mathrm{d}x$; (2) $\int_0^\pi |\cos x|\,\mathrm{d}x$;

(3) $\int_0^{2\pi} \sqrt{1-\cos^2 x}\,dx$;   (4) $\int_{-1}^1 f(x)\,dx$, $f(x) = \begin{cases} 2x, & x \geqslant 0, \\ e^x, & x < 0. \end{cases}$

2. 求下列函数的导数：

(1) $y = \int_0^x e^{t^2}\,dt$;   (2) $y = \int_0^{x^2} e^t\,dt$;

(3) $y = \int_{x^2}^x \dfrac{dt}{\sqrt{1+t^2}}$;   (4) $y = \int_{\sin x}^{\cos x} \cos t^2\,dt$.

3. 证明下列等式：

(1) $\int_0^{\frac{\pi}{2}} f(\sin x)\,dx = \int_0^{\frac{\pi}{2}} f(\cos x)\,dx$，其中 $f(x)$ 连续;

(2) $\int_0^1 x^m(1-x)^n\,dx = \int_0^1 x^n(1-x)^m\,dx$;

(3) $\int_0^\pi \sin^n x\,dx = 2\int_0^{\frac{\pi}{2}} \sin^n x\,dx$;

(4) $\int_a^1 \dfrac{dx}{1+x^2} = \int_1^{\frac{1}{a}} \dfrac{dx}{1+x^2}$ $(a>0)$.

4. 设 $f(x)$ 是以 T 为周期的连续函数，证明 $\int_a^{a+T} f(x)\,dx$ 的值与 a 无关.

5. 计算定积分 $\int_0^{n\pi} \sqrt{1-\sin^2 x}\,dx$.

6. 讨论函数 $F(x) = \int_0^x \ln(t + \sqrt{1+t^2})\,dt$ 的奇偶性.

7. 假设一条加热后的铁棒放置在区间 $[0,10]$ 上，若铁棒上每点的温度是
$$T(x) = 4x(10-x),$$
求此铁棒的平均温度.

8. 一赛车从静止开始连续加速的时间为 T，假设其加速度是一常数 a. 求此赛车在加速结束时的速度和在加速过程中的平均速度.

5.4 定积分的应用

5.4.1 极坐标表示下求曲线所围的面积

上面已经讲过在直角坐标系中怎样求一段曲线下面的曲边四边形的面积. 但如果要求一个封闭曲线所围的面积，用极坐标就显得更为自然.

在极坐标系中，一条曲线就用方程 $r=f(\theta)$ 来表示，即给定 θ 后，从极点（原点）O 出发、辐角为 θ 的直线与曲线交于 P 点，则函数值 $r=f(\theta)$ 就是距离

$|OP|$(图 5.3).

现在来求图 5.3 中由两条直线 $\theta=\theta_1$, $\theta=\theta_2$ 和一段曲线 $r=f(\theta)$ 所围的曲边三角形的面积. 参照前面的做法,把 $\theta_2-\theta_1$ 加以细分,任取其中一个 $\Delta\theta=\mathrm{d}\theta$,并以小圆弧 $r\mathrm{d}\theta$ 代替小段曲线 $\overset{\frown}{PQ}$,得到的小扇形面积为

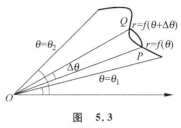

图 5.3

$$\frac{1}{2}(r\cdot r\mathrm{d}\theta)=\frac{1}{2}(f^2(\theta)\mathrm{d}\theta),$$

这就是极坐标的面积微分,或称面积微元. 而所求的面积就是定积分

$$\frac{1}{2}\int_{\theta_1}^{\theta_2}f^2(\theta)\mathrm{d}\theta. \tag{5.9}$$

把不规则的对象细分为近似的规则对象(求微分),然后把它们相加求极限(求积分),这种方法叫做**微元法**.

例 5.11 求心脏线 $r=a(1+\cos\theta)$ 所围的图形的面积.

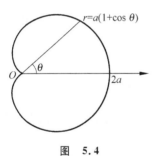

图 5.4

解 如图 5.4,利用对称性,只需求位于上半平面的面积. 利用公式 5.7,它的面积是

$$\frac{1}{2}\int_0^\pi a^2(1+\cos^2\theta+2\cos\theta)\mathrm{d}\theta$$

$$=\frac{1}{2}a^2\left(\theta\Big|_0^\pi+\left(\frac{\theta}{2}+\frac{\sin 2\theta}{4}\right)\Big|_0^\pi+2\sin\theta\Big|_0^\pi\right)$$

$$=\frac{1}{2}a^2\left(\pi+\frac{\pi}{2}\right)=\frac{3}{4}\pi a^2.$$

于是所求的面积是 $\frac{3}{2}\pi a^2$.

试把心脏线围成的面积与以 a 为半径的圆面积比较.

5.4.2 平面曲线的弧长及在一点的曲率

1. 平面曲线的弧长

人们熟知的是直线段的长度,对于一段曲线,只好用直线来近似,如同求曲边四(或三)边形面积的办法. 请看图 5.5,任取一小区间 $\mathrm{d}x$,与之对应的曲线 $y=f(x)$ 上一段弧记为 $\overset{\frown}{PM}$,我们用曲线在 P 点切线上的一段 PT 来近似这段弧长,于是得到

$$\mathrm{d}s\approx|PT|=\sqrt{(\mathrm{d}x)^2+(\mathrm{d}y)^2}$$

$$= \sqrt{1+\left(\frac{\mathrm{d}y}{\mathrm{d}x}\right)^2}\,\mathrm{d}x$$

$$= \sqrt{1+[f'(x)]^2}\,\mathrm{d}x. \qquad (5.10)$$

这个微元也是一个微分的形式,称为弧微分. 从 $x=a$ 到 $x=b$ 曲线的弧长就是

$$\int_a^b \sqrt{1+[f'(x)]^2}\,\mathrm{d}x.$$

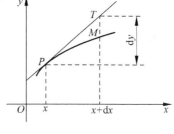

图 5.5

* 要注意的是,这个式子要求代表曲线的函数是可微的. 一般来说,一个函数,甚至是连续函数,也不一定有传统意义下的长度. 但任何可微函数所表示的曲线都有上述意义下的长度.

* 用极坐标表示的曲线的弧长:设在极坐标系中,一段曲线的方程为 $r=f(\theta)$. 注意到两个变量与直角坐标中两个变量 x,y 的关系:

$$x = r\cos\theta, \quad y = r\sin\theta,$$

就有微元

$$\mathrm{d}s = \sqrt{(\mathrm{d}x)^2+(\mathrm{d}y)^2} = \sqrt{(\cos\theta\,\mathrm{d}r - r\sin\theta\,\mathrm{d}\theta)^2 + (\sin\theta\,\mathrm{d}r + r\cos\theta\,\mathrm{d}\theta)^2}$$

$$= \sqrt{(\mathrm{d}r)^2 + r^2(\mathrm{d}\theta)^2} = \sqrt{[f'(\theta)]^2 + f^2(\theta)}\,\mathrm{d}\theta.$$

例如求半径为 R 的圆周长. 如果用极坐标,圆的方程为 $r=R$,周长为

$$\int_0^{2\pi} \sqrt{R^2}\,\mathrm{d}\theta = 2\pi R.$$

如果用直角坐标,则圆方程(上半圆)为

$$y = \sqrt{R^2 - x^2},$$

$$y' = -\frac{x}{\sqrt{R^2-x^2}}, \quad \mathrm{d}s = \sqrt{1+\frac{x^2}{R^2-x^2}}\,\mathrm{d}x = \frac{R}{\sqrt{R^2-x^2}}\,\mathrm{d}x.$$

周长为 $2\int_{-R}^{R} \frac{\mathrm{d}x}{\sqrt{R^2-x^2}}$,比用极坐标复杂.

例 5.12 求抛物线 $y = \frac{1}{2}x^2$ 上介于 $x=0$ 与 $x=1$ 之间的弧长.

解 根据弧长计算公式,所求弧长为

$$l = \int_0^1 \sqrt{1+\left[\left(\frac{x^2}{2}\right)'\right]^2}\,\mathrm{d}x = \int_0^1 \sqrt{1+x^2}\,\mathrm{d}x.$$

令 $x = \tan t$ 得

$$\int_0^1 \sqrt{1+x^2}\,\mathrm{d}x = \int_0^{\frac{\pi}{4}} \sec t\,\mathrm{d}(\tan t)$$

$$= \sec t \cdot \tan t \Big|_0^{\frac{\pi}{4}} - \int_0^{\frac{\pi}{4}} \tan t \cdot \sec t \cdot \tan t\,\mathrm{d}t$$

$$= \sqrt{2} - \int_0^{\frac{\pi}{4}} \sec^3 t \mathrm{d}t + \int_0^{\frac{\pi}{4}} \sec t \mathrm{d}t,$$

又因为

$$\int_0^{\frac{\pi}{4}} \tan t \mathrm{d}t = \int_0^{\frac{\pi}{4}} \frac{\sin t}{\cos t} \mathrm{d}t = -\ln(\cos t)\Big|_0^{\frac{\pi}{4}} = \ln\sqrt{2},$$

所以 $l = \frac{1}{2}(\sqrt{2} + \ln\sqrt{2})$.

* **例 5.13** 求对数螺线 $r = \mathrm{e}^\theta$ 上介于 $\theta = 0$ 与 $\theta = 1$ 之间的弧长.

解 根据弧长计算公式,所求弧长为

$$l = \int_0^1 \sqrt{[(\mathrm{e}^\theta)']^2 + (\mathrm{e}^\theta)^2} \mathrm{d}\theta = \int_0^1 \sqrt{\mathrm{e}^{2\theta} + \mathrm{e}^{2\theta}} \mathrm{d}\theta$$

$$= \int_0^1 \sqrt{2} \mathrm{e}^\theta \mathrm{d}\theta = \sqrt{2} \mathrm{e}^\theta \Big|_0^1 = \sqrt{2}(\mathrm{e} - 1).$$

2. 曲线在一点的曲率

前面我们已经讨论过如何判断曲线在一点附近的增减和上、下凸,但还没有讨论曲线在一点附近的弯曲程度;例如,函数 x^2 和函数 x^4,它们在 $x = 0$ 附近都是由单调减少到单调增加,也都是下凸函数,但前者显然比后者更加弯曲,如何来描述这种区别呢?

设 M, M' 为曲线 $y = f(x)$ 上邻近的两点,它们之间曲线的弧长为 Δs,曲线在这两点的切线与 x 轴的交角分别为 α 及 $\alpha + \Delta\alpha$,两条切线的交角为 $\Delta\alpha$(见图 5.6).

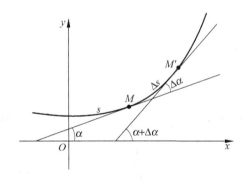

图 5.6

要定量描述曲线在 M 点附近弯曲的程度,一个合适的量(率)是 $\frac{\Delta\alpha}{\Delta s}$,如果把 M 设想为在曲线上运动的一个点,这个量就表示点走过一小段弧所引起曲线切线夹角的变化. 这个量越大,表示曲线在这一点附近弯得越厉害,否则

就弯得很少.或者说,这个量就是两条切线夹角关于弧长的(平均)变化率.下面就来计算这个变化率.

设 M,M' 的坐标分别为 (x,y) 及 $(x+\Delta x, y+\Delta y)$,则
$$\Delta \alpha = \arctan f'(x+\Delta x) - \arctan f'(x),$$
$$\Delta s = \sqrt{1+\left(\frac{\Delta y}{\Delta x}\right)^2}\Delta x,$$

于是
$$\frac{\Delta \alpha}{\Delta s} = \frac{\left(\frac{\arctan f'(x+\Delta x) - \arctan f'(x)}{\Delta x}\right)}{\sqrt{1+\left(\frac{\Delta f}{\Delta x}\right)^2}}.$$

令 $\Delta x \to 0$,则
$$\lim_{\Delta x \to 0} \frac{\Delta \alpha}{\Delta s} = \frac{(\arctan f'(x))'}{\sqrt{1+[f'(x)]^2}} = \frac{f''(x)}{(1+[f'(x)]^2)^{\frac{3}{2}}}.$$

最后的式子取绝对值就叫做曲线 $y=f(x)$ 在点 x 处的**曲率**,曲率的倒数叫做**曲率半径**.

例 5.14 求上半圆 $y=\sqrt{r^2-x^2}$ 上任意一点的曲率.

解 $y'=\dfrac{-x}{\sqrt{r^2-x^2}}$,$y''=-\dfrac{1}{\sqrt{r^2-x^2}}-\dfrac{x^2}{(r^2-x^2)^{\frac{3}{2}}}=-\dfrac{r^2}{(r^2-x^2)^{\frac{3}{2}}}$,

所以,在点 x 处的曲率为
$$K = \left|\frac{f''(x)}{(1+[f'(x)]^2)^{\frac{3}{2}}}\right| = \left|\frac{\frac{r^2}{(r^2-x^2)^{\frac{3}{2}}}}{\left(\frac{r^2}{r^2-x^2}\right)^{\frac{3}{2}}}\right| = \frac{1}{r}.$$

这个结果说明上半圆周上每一点的曲率都是一样的,而且其曲率半径就是圆的半径.所以圆的半径越小,其上每点附近的曲线(圆周的一部分)弯曲得越厉害;反之圆的半径越大,则曲线越"平",如果曲率半径无限增大(即曲率趋于零),则圆周趋于直线.

* 函数 $f(x)$ 在一点 $x=c$ 处导数 $f'(c)$ 的符号表示这个函数所表示的曲线在 c 点是上升还是下降;而 $f'(c)$ 的大小则表示曲线在 c 处切线"陡峭"的程度($|f'(c)|$ 越大则越陡).对于在 c 点的二阶导数 $f''(c)$,它的符号表示曲线在 c 点附近是上凸还是下凸;而 $f''(c)$ 的大小则表示曲线在 c 处的弯曲程度($|f''(c)|$ 越大则弯得越厉害).

5.4.3 旋转曲面所围的体积和面积

把平面曲线 $y=f(x)$ 绕 x 轴旋转一周得到一张曲面,叫做 $y=f(x)$ 绕 x 轴的旋转曲面,它们所包围的空间部分称为旋转体.现在我们来求旋转体的体积和旋转曲面的面积.

1. 旋转体的体积

如图 5.7,体积的微元是从 x 到 $x+\mathrm{d}x$,即厚为 $\mathrm{d}x$ 的小圆片,它的体积微元是 $\pi(f(x))^2\mathrm{d}x$. 因此从 $x=a$ 到 $x=b$ 之间旋转体的体积是

$$\int_a^b \pi(f(x))^2 \mathrm{d}x.$$

2. 旋转曲面的面积

如图 5.8,面积的微元是一个小环带的面积:

$$2\pi f(x)\mathrm{d}s = 2\pi f(x)\sqrt{1+[f'(x)]^2}\mathrm{d}x.$$

所以从 $x=a$ 到 $x=b$ 之间旋转面的表面积是

$$2\pi \int_a^b f(x)\sqrt{1+[f'(x)]^2}\mathrm{d}x.$$

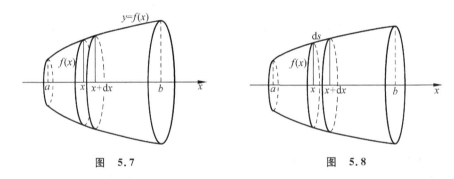

图 5.7　　　　　　　　图 5.8

例 5.15 求椭圆 $\dfrac{x^2}{a^2}+\dfrac{y^2}{b^2}=1$ 绕 x 轴一周所形成椭球的体积和表面积.

解 椭圆在上半平面的方程为

$$y = b\sqrt{1-\frac{x^2}{a^2}} = f(x),$$

范围从 $x=-a$ 到 $x=a$. 体积就是

$$V = \int_{-a}^{a} \pi b^2\left(1-\frac{x^2}{a^2}\right)\mathrm{d}x = \pi b^2\left(x\Big|_{-a}^{a} - \frac{x^3}{3a^2}\Big|_{-a}^{a}\right)$$

$$= \pi b^2\left(2a - \frac{2a}{3}\right) = \frac{4}{3}\pi ab^2.$$

如果 $a=b$，就是半径为 a 的球体积．

其次来求椭球的表面积．不妨设 $a>b$，先算

$$f(x)\sqrt{1+[f'(x)]^2} = \frac{b}{a}\sqrt{a^2-x^2}\left(1+\frac{b^2}{a^2}\frac{x^2}{a^2-x^2}\right)^{\frac{1}{2}}$$
$$= \frac{b}{a}\sqrt{a^2-e^2x^2},$$

其中，$e=\frac{1}{a}\sqrt{a^2-b^2}$ 是椭圆的离心率．

所求的表面积就是

$$S = 2\pi\frac{b}{a}\int_{-a}^{a}\sqrt{a^2-e^2x^2}\,dx = 2\pi ab\left(\sqrt{1-e^2}+\frac{1}{e}\arcsin e\right).$$

例 5.16 求半径为 R 的球体积．

解 这个问题本身并不难，希望通过对微元不同的取法来熟悉微元法．下面用三种办法求解．

(1) 把球看成是上半圆周绕 x 轴的旋转体，再利用极坐标表示（图 5.9）．

旋转体的微元

$$\pi y^2\,dx = \pi(R^2-x^2)\,dx$$
$$= \pi(R^2-x^2)(R\cos(\theta+d\theta)-R\cos\theta)$$
$$\approx -\pi(R^2-x^2)R\sin\theta\,d\theta,$$

这里用到当 $d\theta\to 0$ 时，$\cos d\theta\approx 1$，$\sin d\theta\approx d\theta$．于是

$$dV = -\pi R^2(1-\cos^2\theta)R\sin\theta\,d\theta$$
$$= \left(\pi R^3\,d\cos\theta - \frac{1}{3}\pi R^3\,d\cos^3\theta\right),$$

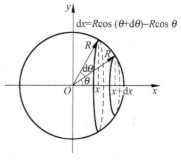

图 5.9

球体体积

$$V = 2\int_{\frac{\pi}{2}}^{0}dV = 2\pi R^3\left(\cos\theta - \frac{1}{3}\cos^3\theta\right)\Big|_{\frac{\pi}{2}}^{0} = \frac{4}{3}\pi R^3.$$

(2) 把球体看成是由一串同心薄球壳所组成（见图 5.10）．

这时取的微元是不同半径的薄球壳，即 $dV=4\pi r^2\,dr$，球的体积

$$V = \int_{0}^{R}4\pi r^2\,dr = \frac{4\pi}{3}r^3\Big|_{0}^{R} = \frac{4\pi}{3}R^3.$$

(3) 把球体看成是一串球内接同心薄圆筒所组成（见图 5.11）．

在离球心 x 处，取壁厚为 dx 的球内接圆筒，它的一半高度为 $\sqrt{R^2-x^2}$，于是取这种薄壁圆筒（不包括底部）作为微元：

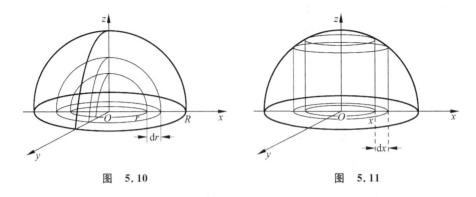

图 5.10　　　　　　　　　　　　图 5.11

$$dV = 2\pi x dx \sqrt{R^2 - x^2},$$

则半球的体积就是

$$\frac{V}{2} = 2\pi \int_0^R x\sqrt{R^2 - x^2} dx$$
$$= -\frac{2\pi}{3}(R^2 - x^2)^{\frac{3}{2}} \Big|_0^R = \frac{2\pi}{3}R^3.$$

以上所用的不同办法都是取一个体积微元,但形状规则,易于求体积的微元作为一个微分,然后求和取极限.读者可以看出来,用微积分解决实际问题往往就难在这一步.

5.4.4　平面图形的重心

物体的重心是一个常用的概念.例如一副担子,两边各重 W_1, W_2,人们挑它时总是选择重心 X 这个位置.这是根据"力矩相等"所得的方程 $X(W_1 + W_2) = x_1 W_1 + x_2 W_2$ 算出来的.一般来说,如果直线上有 n 个距离原点分别为 $x_k (k=1,2,\cdots,n)$ 的点,每个点分别有质量 m_k,则这些点的"质心"位置就在距离原点 X 处,其中 X 满足力矩相等方程:

$$X \sum_{k=1}^n m_k = \sum_{k=1}^n x_k m_k.$$

* 这种求直线上有限个质点的质心问题很容易推广到平面上甚至三维空间中.以平面为例,设平面上有 n 个位置和质量分别为 $(x_k, y_k), m_k (k=1,2,\cdots,n)$ 的质点,则它质心的位置 (X, Y) 就由下列方程确定:

$$X\sum_{k=1}^n m_k = \sum_{k=1}^n x_k m_k, \quad Y\sum_{k=1}^n m_k = \sum_{k=1}^n y_k m_k.$$

对于一些规则的几何图形,例如矩形、正多边形、圆环、圆盘之类,如果密度均匀,则它们的重(质)心位置是清楚的,否则我们就设法把它细分为形状规则的微元,而把微元的重(质)量集中在微元的重(质)心上,这样就把问题化为求质点组的重(质)心了,最后求和取极限,即求定积分.

例 5.17 求半径为 R 的半圆盘的质心.

解 这个图形关于 y 轴对称,所以它的质心在 y 轴上(见图 5.12).沿 y 轴把半圆分为细长条,任取其中一个,它的面积近似为 $2\sqrt{R^2-y^2}\,\mathrm{d}y$.如果圆盘的面密度是常数 ρ,则这个微元的质量为

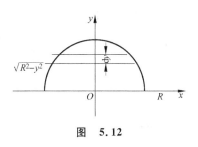

图 5.12

$$\mathrm{d}m \approx 2\rho\sqrt{R^2-y^2}\,\mathrm{d}y.$$

也就是说这个问题等价于下面的求质点组的质心问题:在直线 $x=0$ 上,从 0 到 R,在距离 O 点为 y 的位置放置了质量为 $\mathrm{d}m$ 的质点,求其质心.依此,半圆盘的质心位于 y 轴,而与原点距离为

$$Y = \frac{2\rho\int_0^R y\sqrt{R^2-y^2}\,\mathrm{d}y}{2\rho\int_0^R \sqrt{R^2-y^2}\,\mathrm{d}y} = \frac{4R}{3\pi}.$$

例 5.18 求一个高为 H,顶角为 2α 的倒立锥体的质心.

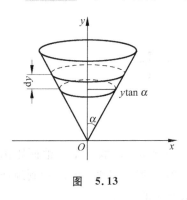

图 5.13

解 如图 5.13,利用对称性,质心位于 y 轴.沿轴把锥体细分为薄圆盘,在 y 处,圆盘厚为 Δy,它的质量近似为 $\Delta m \approx \rho\pi(y\tan\alpha)^2\Delta y$($\rho$ 为常数密度).与例 5.13 一样,把这个问题看成是在 y 轴从 O 到 H 这一段直线的 y 处放置一个质量为 Δm 的质点,它们的质心就是

$$Y = \frac{\rho\pi\int_0^H y(y\tan\alpha)^2\,\mathrm{d}y}{\rho\pi\int_0^H (y\tan\alpha)^2\,\mathrm{d}y} = \frac{3}{4}H.$$

可以看出,倒立锥体的质心位置与顶角的大小无关.

5.4.5 变化的力所做的功

如果一个不变力 F 作用在一个物体上,使物体沿 F 作用的方向产生位移 s,则 F 所做的功为

$$W = Fs.$$

这是一个线性关系,但如果 F 是个时间(或位置)的函数,那就要用局部线性化,即微积分了。

例 5.19 如图 5.14,一个矩形隔水闸门,高为 H,宽为 L,如果闸门的上边正好是水平面,求闸门所受水的压力。

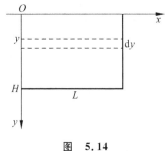

图 5.14

解 如果在整个闸门上,单位面积所受的水压力(压强)是常数 p,则闸门所受的压力就是 pLH。

现在问题是在不同水深处,水压是变的,在水面下 h 处,水的压强为 $p = \gamma h$(γ 是单位体积水的重量,为常数)。为此把闸门细分为与 x 轴平行的细长矩形,在水深 y 处,长为 L,宽度为 dy 的小矩形所受的水压微元为
$$dP = \gamma L y \, dy,$$
总压力为
$$P = \gamma L \int_0^H y \, dx = \frac{1}{2} \gamma L H^2.$$

例 5.20 半径为 a 的半球形水池蓄满了水,如果要把水抽干,问要做多少功?

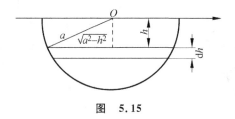

图 5.15

解 如图 5.15,把水看作是一层一层地抽出来的。任取一个与池面距离为 h 的小薄层,厚度 dh,它的重量为 $\gamma \pi (a^2 - h^2) dh$,把这层水(微元)抽到地面所做的功是 $dW = \gamma \pi (a^2 - h^2) h \, dh$。所以抽干水所做的功为
$$W = \int_0^a \gamma \pi (a^2 - h^2) h \, dh = \gamma \pi \left(\frac{a^2}{2} h^2 \Big|_0^a - \frac{h^4}{4} \Big|_0^a \right) = \frac{\gamma \pi}{4} a^4.$$

习题 5.4

1. 求下列平面图形 D 的面积:

(1) D 由曲线 $y=25-x^2$ 与直线 $y=9$ 围成；

(2) D 由曲线 $y=x^2-3x$ 与直线 $y=x$ 围成；

(3) D 由曲线 $y=12-3x^2$ 与曲线 $y=4-x^2$ 围成；

(4) D 由曲线 $y^2=8-x$ 与直线 $y=\dfrac{1}{2}x$ 围成；

(5) D 由曲线 $y=\ln x$ 及其过原点的切线和 x 轴围成；

(6) D 由曲线 $y=\dfrac{1}{x^2}$，直线 $x=1$ 和 x 轴围成（无穷区域）；

(7) D 的边界的极坐标方程为 $\rho=2a\cos\theta$；

(8) D 由极坐标方程分别为 $\rho=3\cos\theta$ 和 $\rho=1+\cos\theta$ 的曲线围成（$1+\cos\theta\leqslant\rho\leqslant3\cos\theta$）.

2. 求下列曲线的长度：

(1) 曲线 $y=\ln x$ 相应于 $\sqrt{3}\leqslant x\leqslant\sqrt{8}$ 的一段弧的长度；

(2) 圆 $\begin{cases}x=R\cos\theta\\y=R\sin\theta\end{cases}$ 的周长；

(3) 星形线 $\begin{cases}x=a\cos^3 t\\y=a\sin^3 t\end{cases}$ 的全长；

(4) 心脏线 $\rho=a(1+\cos\theta)$ 的全长.

3. 求曲线 $y=\ln\sin x$ 在 x_0 处的曲率.

4. 求下列曲线上具有最大曲率的点：

(1) $y=e^x$；

(2) $y=-2x^2+4x+1$.

5. 设 D 由曲线 $y=\sqrt{x}$ 与其过 $(-1,0)$ 的切线及 x 轴围成，求 D 绕 x 轴旋转一周所成旋转体的体积和表面积.

6. 设 D 由曲线 $\dfrac{x^2}{a^2}+\dfrac{y^2}{b^2}=1$ 围成，求 D 绕 x 轴旋转一周所成旋转体的体积.

7. 一物体沿 x 轴运动时所受的外力为 $F(x)=\dfrac{10}{x^2}$，求此物体从 $x=1$ 运动到 $x=10$ 时外力所做的功.

8. 一条长 100 m 的绳子垂在一个足够高的建筑物上，假设每米绳子的质量是 0.25 kg，求将此绳全部拉到建筑物顶部所做的功.

9. 将一个半径为 R 的半球形的容器装满水，平面在下水平放置，要将此容器中的水全部抽到其顶部，需要做多少功？

10. 一物体按规律 $x = ct^3$ 作直线运动,所受的阻力与速度的平方成正比. 求此物体从 $x = 0$ 运动到 $x = 10$ 时阻力所做的功.

11. 将一块宽 2 m,高 3 m 的长方形木板竖直放入水中. 若其上边缘在水下 2 m 处,求此木板的单面所受的水压力.

12. 某水坝的横截面是一直角三角形,底长 30 m,高为 100 m,斜面对水,坝长 200 m,当水面与坝顶持平时,求此大坝所受的水压力.

13. 金字塔的底为正方形,每边长 230 m,高为 150 m,如果所用的花岗岩密度为 2.6 t/m³,问堆起这座金字塔需做多少功?

复习题 5

1. 证明不等式 $\int_0^{2\pi} |a\sin x + b\cos x| \, dx \leqslant 2\pi\sqrt{a^2 + b^2}$.

2. 设 $f(x)$ 在 $[a, b]$ 上连续,且 $\int_a^b f^2(x) dx = 0$,证明 $f(x)$ 在 $[a, b]$ 上恒为零.

3. 对任意的 $p > 0$,证明 $\lim_{n \to \infty} \int_n^{n+p} \frac{\sin x}{x} dx = 0$.

4. 已知 $\int_0^\pi f(x\sin x) \sin x \, dx = 1$,求 $\int_0^\pi f(x\sin x) x\cos x \, dx$.

5. 已知 $\int_0^1 \frac{e^x}{x+1} dx = A$,求 $\int_0^1 \frac{e^x}{(x+1)^2} dx$.

6. 证明:$\int_0^1 (1-x)^n x^m dx = \dfrac{n! m!}{(m+n+1)!}$.

7. 已知 $f(x)$ 是 $[0, 1]$ 上的连续单调增加的函数. 证明对任意的 $q \in [0, 1]$,都有
$$\int_q^1 f(x) dx \geqslant (1-q) \int_0^1 f(x) dx.$$

8. 求椭球体 $\dfrac{x^2}{a^2} + \dfrac{y^2}{b^2} + \dfrac{z^2}{c^2} \leqslant 1$ 的体积.

9. 设函数 $f(x), g(x)$ 在 $[a, b]$ 上可积,证明:
$$\left(\int_a^b f(x)g(x) dx \right)^2 \leqslant \int_a^b f^2(x) dx \int_a^b g^2(x) dx.$$

10. 设函数 $f(x)$ 在 $[a, b]$ 上具有二阶导数,且 $f''(x) < 0$,证明:
$$\int_a^b f(x) dx \leqslant (b-a) f\left(\frac{a+b}{2} \right).$$

11. 为了了解在某段路上车辆的通过速度,在此段路的某处记录了一段时间内平均车辆的行驶速度. 数据统计表明,下午 1:00 至 6:00 之间,此处在 t 时刻的平均车辆行驶速度为
$$v(t) = 2t^3 - 21t^2 + 6t + 40 \text{ (km/h)}$$
试求此处下午 1:00 至 6:00 内的平均车辆行驶速度.

12. 某公司投资 2000 万元建成一条生产线. 投产后,在时刻 t 的追加成本为 $C(t)=5+2t^{\frac{2}{3}}$(百万元/年),追加收益为 $R(t)=17-t^{\frac{2}{3}}$(百万元/年). 试确定该生产线在何时停产可获得最大利润?最大利润是多少?

空间解析几何

第6章

6.1 三维空间的直角坐标

在学习平面解析几何时已经知道,解析几何是用代数方法解决几何问题,其基础是用数或数组表示点而用方程表示图形.为此首先要引进坐标.

在几何中,距离是一个基本的数量.这里假定已经定好了一个测量距离的长度单位.

和平面解析几何一样,现在我们在空间中用数组来确定点的位置.先确定一个点,称为原点 O,从 O 点出发,画三条互相垂直的直线,分别记为 Ox, Oy, Oz,并分别称之为 x 轴, y 轴和 z 轴,这就构成了一个直角坐标系,记为 $(O; x, y, z)$. 由每两个坐标轴决定的平面称为坐标平面,如 xOy 平面, yOz 平面, zOx 平面等,它们分别垂直于 z 轴, x 轴和 y 轴.每个坐标平面把空间分为两部分:与坐标平面垂直的坐标轴所指向的那部分,就称为是这个坐标平面的正面,另一部分则称为它的反面.我们约定,从某个坐标平面到其正面一点的距离是正的,而到其反面一点的距离则是负的.

有了(直角)坐标系,就可以用坐标来确定点的位置了.

设 P 为空间中的一个点,它与坐标平面 yOz, zOx, xOy 的距离分别为 x, y, z(可以是负数),这种排定次序的一个三元数组 (x, y, z) 就叫做点 P 对应于直角坐标系 $(O; x, y, z)$ 的坐标.坐标是 (x, y, z) 的点 P 一般记为 $P(x, y, z)$(图 6.1).

可以看出,原点 O 的坐标为 $(0, 0, 0)$. x 轴上任一点的坐标是 $(x, 0, 0)$, y 轴上任一点的坐标是 $(0, y, 0)$,而坐标平面 yOz

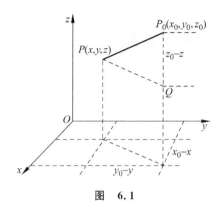

图 6.1

上任意一点的坐标是$(0,y,z)$,……,依此类推. 于是,x 轴就可以用两个方程 $y=0,z=0$ 来表示,它表示 x 轴上所有点的坐标都满足这两个条件(方程),而所有坐标满足这两个条件的点都在 x 轴上. 同理,yOz 坐标面上所有点的坐标(x,y,z)都满足 $x=0$,即坐标平面用一个方程就可以表示了. 另外几个坐标轴和坐标平面也有类似的方程. 一开始我们说解析几何研究如何用方程表示图形,这就是几个特殊的例子.

三个坐标面将整个空间分成了八部分,每一部分称为一个卦限. 每个卦限中点的坐标的符号见下表:

卦限	一	二	三	四	五	六	七	八
(x,y,z) 的符号	$(+,+,+)$	$(-,+,+)$	$(-,-,+)$	$(+,-,+)$	$(+,+,-)$	$(-,+,-)$	$(-,-,-)$	$(+,-,-)$

习题 6.1

1. 指出下列各点所在的卦限:
$A(1,2,3)$; $B(-2,4,5)$; $C(2,-1,3)$; $D(-1,-2,3)$;
$E(1,-2,-3)$; $F(-1,-2,-3)$.

2. 指出坐标面和坐标轴上点的坐标的特点.

3. 求下列各点关于坐标面和坐标轴的对称点:
$A(1,2,1)$; $B(2,-1,2)$; $C(-1,2,-1)$.

6.2 两点间的距离和方向

空间一个点的位置由它的坐标来表示. 但还有一种常用的表示, 就是用方向和距离.

先说两点 $P(x,y,z)$, $P_0(x_0,y_0,z_0)$ 之间的距离. 为此在 P_0 到 xOy 平面的垂线上确定坐标为 (x_0,y_0,z) 的一点 Q, 如图 6.1. 根据勾股定理,

$$|PP_0|^2 = |PQ|^2 + (z-z_0)^2$$
$$= (x-x_0)^2 + (y-y_0)^2 + (z-z_0)^2. \qquad (6.1)$$

这就是空间两点间的距离的平方.

有了原点以后, 原点以外的任何点 P 都表示一个方向, 也就是从 O 到 P 的方向. 直线段 $|OP|$ 与三个坐标轴有三个夹角, 分别记为 α, β, γ. 这三个角叫做 $\overrightarrow{OP}$ 方向的方向角. 由图 6.2 可以看出, P 点的坐标和方向角之间的关系为

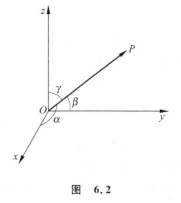

图 6.2

$$\begin{cases} x = |OP|\cos\alpha, \\ y = |OP|\cos\beta, \\ z = |OP|\cos\gamma. \end{cases} \qquad (6.2)$$

由此推出

$$\begin{cases} \cos\alpha = \dfrac{x}{\sqrt{x^2+y^2+z^2}}, \\ \cos\beta = \dfrac{y}{\sqrt{x^2+y^2+z^2}}, \\ \cos\gamma = \dfrac{z}{\sqrt{x^2+y^2+z^2}}. \end{cases} \qquad (6.3)$$

P 点的坐标 (x,y,z) 又叫做 OP 方向的**方向数**; 方向角的余弦叫做**方向余弦**. 一个方向的三个方向余弦一般简记为 (l,m,n). 它满足方程

$$\cos^2\alpha + \cos^2\beta + \cos^2\gamma = l^2 + m^2 + n^2 = 1.$$

不一定从 O 点出发的线段才有方向数, 我们规定: 空间中任意线段 MN 经过平行移动, 当 M 与 O 重合时, 如果 N 的方向与 P 的方向相同, 就说 MN 与 OP 的方向相同.

知道了两个方向就可以求它们之间的夹角.

设两个方向的方向余弦分别是 (l_1,m_1,n_1), (l_2,m_2,n_2), 把它们看成是与

原点距离为 1 的两个点 P_1, P_2 的坐标(图 6.3)，则根据余弦定律，它们之间的夹角 θ 应该满足

$$|P_1P_2|^2 = 1 + 1 - 2\cos\theta$$
$$= (l_1 - l_2)^2 + (m_1 - m_2)^2 + (n_1 - n_2)^2$$
$$= 1 + 1 - 2(l_1l_2 + m_1m_2 + n_1n_2),$$

于是得到

$$\cos\theta = l_1l_2 + m_1m_2 + n_1n_2. \quad (6.4)$$

我们规定：$0 \leqslant \theta \leqslant \pi$.

由夹角公式可以看出，两个方向互相垂直的充分必要条件是它们的方向余弦满足

$$l_1l_2 + m_1m_2 + n_1n_2 = 0.$$

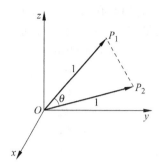

图 6.3

习题 6.2

1. 求下列各组中两点间的距离：
(1) $(6, -1, 0)$ 和 $(4, 3, 4)$;
(2) $(-2, -2, 0)$ 和 $(2, -2, -3)$;
(3) $(3, 1, 2)$ 和 $(0, 5, 1)$;
(4) $(1, 2, 3)$ 和其关于原点的对称点.

2. 分别求点 $(2, 3, -1)$ 到 xOy 面、y 轴及原点的距离.

3. 证明以 $A(4, 5, 3), B(1, 7, 4), C(2, 4, 6)$ 为顶点的三角形是等边三角形.

4. 将长、宽、高分别为 a, b, c 的长方体的下底面放到 xOy 平面上，下底面的中心位于坐标原点，且其边分别平行于 x 轴和 y 轴.求此长方体 8 个顶点的坐标.

5. 写出下列各组中从点 P_1 到 P_2 的向量的长度和方向余弦：
(1) $P_1(1, 2, 4)$, $P_2(4, 5, 6)$;
(2) $P_1(-2, -2, -2)$, $P_2(-3, -4, 5)$.

6. 求起点为原点，终点是 $(3, 2, -1)$ 和 $(5, -7, 2)$ 的中点的向量的方向余弦.

6.3 向量代数

在取定单位后，可以用一个实数表示的量叫做**数量**.例如距离、温度、质量等.另外还有些必须要用两个(或更多)实数才能表示的量，例如速度、力、力矩

等,它们既有大小,又有方向,我们称这种量为**向量**.对于一个向量,一般用一段有向线段$\overrightarrow{OP}$来表示,O,P两点间的距离表示向量的大小,而OP方向的方向余弦(或方向数)就表示向量的方向.由于我们只考虑一个向量的大小和方向,因此在用有向线段表示向量的时候,起点可以任意选取.也就是说,长度相等,方向相同的有向线段都表示相同的向量(见图6.4).

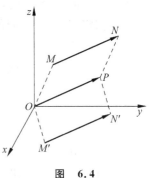

图 6.4

以下我们用黑体表示向量,例如 **a**, **b**, 等,而相应长度(大小)则记为$|a|$等,有时也称它们为向量 **a** 的**模**.把与向量 **a** 大小相等,而方向相反的向量记为$-a$,显然有
$$-(-a) = a.$$

6.3.1 向量的加法与数乘向量

下面以力的合成来说明向量的加法.设两个力(向量)**a**,**b**作用在一点O上,它们所产生的效果相当于一个合力 **c** 对 O 的作用.这个合力的大小和方向由"平行四边形原理"来确定(图6.5).

所谓平行四边形原理就是从O点出发,分别画出两个力向量 **a**,**b**,然后以它们作为两个邻边画出一个平行四边形,则从 O 出发的对角线就是代表这个合力 **c** 的向量.这就是两个向量相加的几何定义:
$$a + b = c.$$

也可以用作三角形的方法来定义向量的加法.先从O点出发画出向量**a**,然后从它的末端出发再画出向量**b**,最后,连接O和**b**的末端的向量就是$a+b$(图6.6).

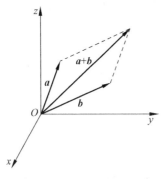

图 6.5

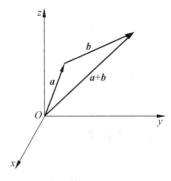

图 6.6

这两种作法虽有所不同,但结果是一样的.

有限个向量的加法可以化为两个向量的累次加法来进行,即
$$a_1 + a_2 + \cdots + a_n = ((a_1 + a_2) + a_3) + \cdots + a_n.$$

关于减法,由于$-a$也是一个向量,可以定义
$$a - b = a + (-b).$$

一个没有方向,大小为零的向量叫做**零向量**,记为$\mathbf{0} = (0,0,0)$,它其实就是原点. 对任意的向量a,满足方程$a + \mathbf{0} = a$.

这里特别要强调的是,虽然向量与实数在加法运算方面的规律是一样的,但它们毕竟是不同的概念. 千万不要犯诸如$a + b = 1$之类的错误;也不要把零向量$\mathbf{0}$与实数0混为一谈. 此外,向量与实数的一个基本区别是后者是有序的,即任意两个实数可以比较大小,而向量是无序的,不能说一个向量大于或小于另一个向量;但两个向量的大小是有序的,因为它们是实数.

利用向量的三角形加法,几何中的定理"三角形两边之和大于第三边"就可以用向量大小的不等式来表示:
$$|a+b| \leqslant |a| + |b|.$$
这就是有名的三角不等式.

上面已经说过,两个起点虽不一定相同,但方向和大小都相同的向量可以看作是一样的,如果两个向量大小不一定相同,但彼此平行(这时二者的方向相同或相反),则称它们是共线的. 两个共线的向量如果方向相同,则二者的大小相差一个正的实数倍;如果方向相反,则可以添加一个负号来表示. 这就引出了向量数乘运算的定义.

定义6.1 实数λ与向量a的数乘λa是一个向量,它的大小为$|\lambda a| = |\lambda||a|$,当$\lambda > 0$时,与$a$同方向;当$\lambda < 0$时,与$a$反方向.

可见数乘向量λa的几何意义是把向量a的方向不变($\lambda > 0$)或方向相反($\lambda < 0$),而大小则伸($|\lambda| > 1$)或缩($|\lambda| < 1$)$|\lambda|$倍.

由定义还可推出数乘向量的一些性质,读者可用几何方法自己加以证明.

(1) $\mu(\lambda a) = (\mu\lambda)a$;

(2) $\lambda a + \mu a = (\lambda + \mu)a$;

(3) $\lambda(a + b) = \lambda a + \lambda b$;

(4) $1a = a, (-1)a = -a$.

大小为1的向量称为单位向量,常用e表示. 单位向量的大小既已确定,那么它就表示这个向量的方向. 任何一个非零向量a都可以写成
$$a = |a|\left(\frac{a}{|a|}\right) = |a|e$$

的形式,前面的实数表示这个向量的大小,后面一个是它的单位向量,表示方向.

6.3.2 向量的坐标

以上介绍的是几何向量. 在引进三维直角坐标系$(O;x,y,z)$以后,通常用以下两种方法来表示一个从 O 出发,终端在 $P(x,y,z)$ 的向量 $\overrightarrow{OP}$:第一种是坐标表示法,就是用数组 (x,y,z) 来表示这个向量. 第二种是单位分解法,这种方法是分别把从 O 点出发,沿三个坐标轴的单位向量记为 e_1, e_2, e_3(或者用 i,j,k),而把 $\overrightarrow{OP}$ 分解为它们的倍数之和(见图 6.7)
$$\overrightarrow{OP} = xe_1 + ye_2 + ze_3.$$

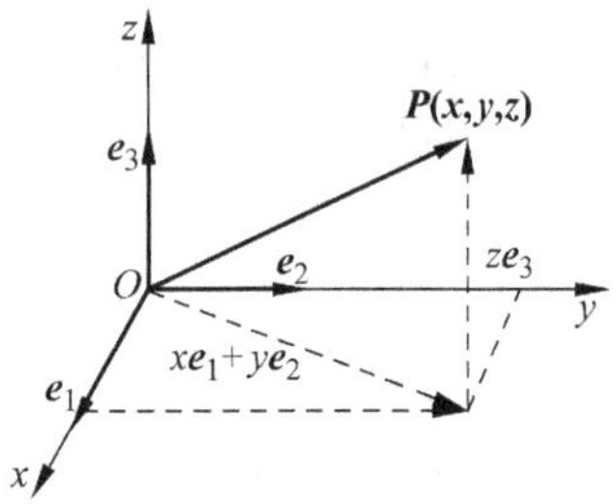

图 6.7

e_1, e_2, e_3 称为这个坐标系的基向量.

无论用哪种方法,(x,y,z) 都被称为是向量 $\overrightarrow{OP}$ 在这个直角坐标系中的**坐标**.

例 6.1 $e_2 = 0e_1 + 1e_2 + 0e_3 = (0,1,0).$

例 6.2 $(2,-1,-2) = 2e_1 - 1e_2 - 2e_3.$

有了向量的坐标,原来对向量所进行的几何运算现在可以用数值来实现了.

例如向量的加法:
$$(x_1,y_1,z_1) + (x_2,y_2,z_2) = (x_1e_1 + y_1e_2 + z_1e_3) + (x_2e_1 + y_2e_2 + z_2e_3)$$
$$= (x_1+x_2)e_1 + (y_1+y_2)e_2 + (z_1+z_2)e_3$$
$$= (x_1+x_2, y_1+y_2, z_1+z_2).$$

可见向量和的坐标就等于向量的坐标之和.

例 6.3 已知两点 $P(a,b,c), Q(x,y,z)$,求向量 $\overrightarrow{PQ}$ 的坐标.

解 $\overrightarrow{PQ} = \overrightarrow{PO} + \overrightarrow{OQ} = -\overrightarrow{OP} + \overrightarrow{OQ} = -(a,b,c) + (x,y,z) = (x-a, y-b, z-c).$

这个例子说明,一个向量的坐标就是它终端的坐标减去起始端的坐标.

6.3.3 向量的内积运算

前面已经介绍了向量的加法和数乘向量这两种运算,下面要讲的是两个向量的两类乘法:内积(数量积)和外积(向量积).

先介绍两个向量的内积.

定义 6.2 两个向量 a,b 的内积 $a \cdot b$ 是一个实数,几何上它表示向量 a 在向量 b 上垂直投影的大小,即(见图 6.8)

$$a \cdot b = |a||b|\cos\langle a,b\rangle, \quad (6.5)$$

其中 $\langle a,b\rangle$ 表示 a,b 两个向量的夹角.

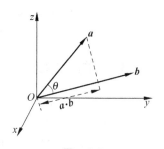

图 6.8

由此可见:两个非零向量互相垂直的充分必要条件是它们的内积为零.

如果 a,b 都是单位向量,那么它们的内积就表示夹角的余弦.对一般的向量 a,b,可把它们"单位化",并用方向余弦表示:

$$\frac{a}{|a|} = (l_1, m_1, n_1), \quad \frac{b}{|b|} = (l_2, m_2, n_2),$$

以及

$$\frac{a}{|a|} \cdot \frac{b}{|b|} = \cos\langle a,b\rangle = l_1 l_2 + m_1 m_2 + n_1 n_2. \quad (6.6)$$

如果 a,b 的坐标分别为 $(x_1, y_1, z_1), (x_2, y_2, z_2)$,则前面已经说过,它们的方向余弦分别是 $\frac{1}{|a|}(x_1, y_1, z_1), \frac{1}{|b|}(x_2, y_2, z_2)$,因此,式(6.6)右端又可写为

$$\frac{1}{|a||b|}(x_1 x_2 + y_1 y_2 + z_1 z_2).$$

最后得到用坐标表示的向量内积公式:

$$a \cdot b = (x_1, y_1, z_1) \cdot (x_2, y_2, z_2) = x_1 x_2 + y_1 y_2 + z_1 z_2. \quad (6.7)$$

如果用单位分解来表示内积,则由 $a = x_1 e_1 + y_1 e_2 + z_1 e_3$, $b = x_2 e_1 + y_2 e_2 + z_2 e_3$,得到

$$a \cdot b = (x_1 e_1 + y_1 e_2 + z_1 e_3) \cdot (x_2 e_1 + y_2 e_2 + z_2 e_3)$$
$$= x_1 x_2 + y_1 y_2 + z_1 z_2,$$

其中利用了

$$e_i \cdot e_j = \begin{cases} 1, & i = j, \\ 0, & i \neq j. \end{cases}$$

由内积的几何意义可以看出,一个向量 a 的坐标 (x, y, z) 不过是它在三个基本向量上的垂直投影,例如,$x = a \cdot e_1 = (x, y, z) \cdot (1, 0, 0)$.

注意:两个向量的内积是一个实数,所以诸如 $a \cdot b + c$ 之类的写法是错误的.

下面是向量内积运算的一些性质:

(1) $a \cdot b = b \cdot a$;
(2) $(\lambda a) \cdot b = \lambda (a \cdot b)$;
(3) $(a+b) \cdot c = a \cdot c + b \cdot c$.

6.3.4 向量的外积和混合积运算

一个向量的坐标系 $(O; e_1, e_2, e_3)$ 中,三个基本向量的次序是确定的,即常说的"右手坐标系". 它的含义是,前两个基本坐标确定了一个坐标平面 xOy,而第三个和它们垂直的基本向量,其方向可以指向平面的一侧,也可以指向另一侧. 所谓右手坐标系就是把右手按 e_1 到 e_2 的转动方向握起来,而把拇指的方向就定义为 e_3 的方向(图 6.9). 如果用的是左手,则按同样办法所确定的 e_3 的方向与右手坐标系所确定的方向正好相反.

"右手系"只说明任何三个不在同一平面上的向量之间的次序,并没有要求它们彼此两两正交,因此任何两个共始点而不共线的非零向量 a, b,都可以用上面的办法补充一个向量 c 而形成一个右手系 (a, b, c).

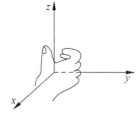

图 6.9

在以后的讨论中,除非特别说明,我们用的都是右手坐标系.

现在来定义两个向量的外积.

定义 6.3 两个向量 a, b(不妨假设它们有共同的始端)的外积 $a \times b$ 是一个向量. 它的大小是以此二向量为邻边的平行四边形的面积;它的方向与 a, b 都垂直而且 $(a, b, a \times b)$ 形成右手系.

如果把 a, b 看成是平行四边形的两个邻边,而 a 为底边,则它的高为 $|b| \sin \langle a, b \rangle$,由定义可推知

$$|a \times b| = |a||b| \sin \langle a, b \rangle. \tag{6.8}$$

由此可见:两个非零向量外积为零的充分必要条件是它们互相平行.

下面讨论如何用向量的坐标表示外积.

设 $(O; e_1, e_2, e_3)$ 是一个右手直角坐标系,$a = (x_1, y_1, z_1)$,$b = (x_2, y_2, z_2)$ 是两个向量,则向量 $a \times b$ 大小的平方就是

$$\begin{aligned}
|a \times b|^2 &= |a|^2 |b|^2 \sin^2 \langle a, b \rangle = |a|^2 |b|^2 (1 - \cos^2 \langle a, b \rangle) \\
&= |a|^2 |b|^2 - (a \cdot b)^2 \\
&= (x_1^2 + y_1^2 + z_1^2)(x_2^2 + y_2^2 + z_2^2) - (x_1 x_2 + y_1 y_2 + z_1 z_2)^2 \\
&= (y_1 z_2 - z_1 y_2)^2 + (z_1 x_2 - x_1 z_2)^2 + (x_1 y_2 - y_1 x_2)^2.
\end{aligned}$$

由这个式子我们自然会猜想

$$a \times b = (y_1 z_2 - z_1 y_2, z_1 x_2 - x_1 z_2, x_1 y_2 - y_1 x_2)$$
$$= (y_1 z_2 - z_1 y_2)e_1 + (z_1 x_2 - x_1 z_2)e_2 + (x_1 y_2 - y_1 x_2)e_3, \quad (6.9)$$

这个猜想是正确的,利用下面的例子就可以通过直接计算而得.

例 6.4 对于基向量 e_1, e_2, e_3,有

$$e_i \times e_j = \begin{cases} \mathbf{0}, & i = j, \\ -e_j \times e_i, & i \neq j, \end{cases}$$

而且 $e_1 \times e_2 = e_3, e_2 \times e_3 = e_1, e_3 \times e_1 = e_2$.

证明 根据基向量和外积的定义就可得以上结论.

向量的外积有以下性质:

(1) $a \times b = -b \times a$;

(2) $(\lambda a) \times b = \lambda(a \times b)$;

(3) $(a+b) \times c = a \times c + b \times c$.

利用例 6.4 的结果和这些性质,把式子 $(x_1 e_1 + y_1 e_2 + z_1 e_3) \times (x_2 e_1 + y_2 e_2 + z_2 e_3)$ 展开即得式(6.9).

例 6.5 求向量 $a = (2, 3, -1)$ 与向量 $b = (-1, 2, 3)$ 的外积.

解 $a \times b = (3 \times 3 - (-1) \times 2, (-1) \times (-1) - 2 \times 3, 2 \times 2 - 3 \times (-1)) = (11, -5, 7)$.

最后,我们来讨论三个向量的"混合积".

定义 6.4 三个向量 a, b, c 的混合积 (a, b, c) 是一个实数,等于 $(a \times b) \cdot c$.

从几何上看,如果这三个向量始点相同,那么它们的混合积就是以它们为邻边的平行六面体的体积(图 6.10).这是由于六面体底面积为 $|a \times b|$,而这个底面上的高为 $|c||\cos \langle a \times b, c \rangle|$,所以六面体的体积就是

$$V = |a \times b||c||\cos \langle a \times b, c \rangle|$$
$$= |(a \times b) \cdot c|.$$

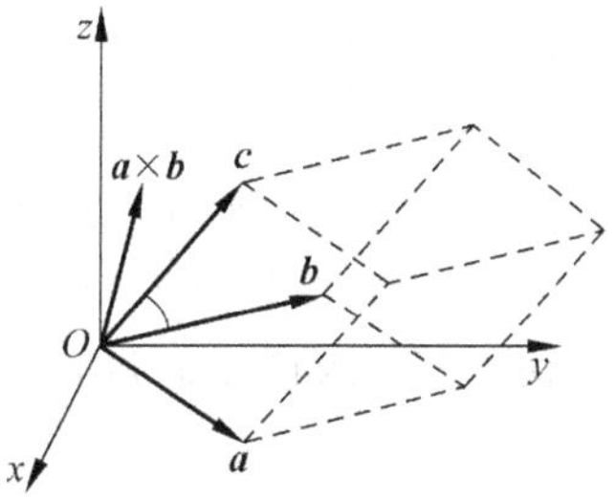

图 6.10

下面讨论如何用坐标来计算这个混合积.

任取一个右手坐标系,其中三个向量的坐标分别为

$$a = (x_1, y_1, z_1), \quad b = (x_2, y_2, z_2), \quad c = (x_3, y_3, z_3),$$

则根据定义,有

$$(a \times b) \cdot c = (y_1 z_2 - z_1 y_2)x_3 + (z_1 x_2 - x_1 z_2)y_3 + (x_1 y_2 - y_1 x_2)z_3.$$

$$(6.10)$$

我们把式(6.10)右边的表示式称为"三阶行列式",并把它记作

$$\begin{vmatrix} x_1 & x_2 & x_3 \\ y_1 & y_2 & y_3 \\ z_1 & z_2 & z_3 \end{vmatrix}, \tag{6.11}$$

其中横排的三个数叫做一行,竖排的三个数叫做一列.一个三阶行列式由三行三列共 9 个数组成.

回忆外积的坐标表示式

$$\boldsymbol{a} \times \boldsymbol{b} = (y_1 z_2 - z_1 y_2, z_1 x_2 - x_1 z_2, x_1 y_2 - y_1 x_2),$$

形式地参照三阶行列式的定义,两个向量的外积可写成

$$\boldsymbol{a} \times \boldsymbol{b} = \begin{vmatrix} x_1 & x_2 & \boldsymbol{e}_1 \\ y_1 & y_2 & \boldsymbol{e}_2 \\ z_1 & z_2 & \boldsymbol{e}_3 \end{vmatrix}.$$

注意:这种写法完全是形式的.用它不过是便于记忆,因为一般三阶行列式都是实数,而这个行列式却是一个向量.

例 6.6 求三阶行列式

$$A = \begin{vmatrix} 1 & 0 & 2 \\ 2 & -1 & 3 \\ -2 & 2 & 3 \end{vmatrix}$$

的值.

解 $A = \begin{vmatrix} 1 & 0 & 2 \\ 2 & -1 & 3 \\ -2 & 2 & 3 \end{vmatrix}$

$= (2 \times 2 - (-2) \times (-1)) \times 2 + ((-2) \times 0 - 1 \times 2) \times 3$
$+ (1 \times (-1) - 2 \times 0) \times 3 = -5.$

例 6.7 求两个向量 $\boldsymbol{a} = (-1, 3, 2), \boldsymbol{b} = (3, 0, -2)$ 的外积.

解 $\boldsymbol{a} \times \boldsymbol{b} = (-1, 3, 2) \times (3, 0, -2) = \begin{vmatrix} -1 & 3 & \boldsymbol{e}_1 \\ 3 & 0 & \boldsymbol{e}_2 \\ 2 & 1 & \boldsymbol{e}_3 \end{vmatrix}$

$= (3 \times 1 - 2 \times 0) \boldsymbol{e}_1 + (2 \times 3 - (-1) \times 1) \boldsymbol{e}_2$
$+ ((-1 \times 0) - 3 \times 3) \boldsymbol{e}_3$
$= 3 \boldsymbol{e}_1 + 7 \boldsymbol{e}_2 - 9 \boldsymbol{e}_3 = (3, 7, -9).$

* 由内积和外积的性质可以推导出行列式的一些性质.例如:把两列对换,则行列式变号;把一列乘一个数就等于把行列式乘同一个数;把一列加到另一列上,行列式的值不变等.

习题 6.3

1. 已知 $u=a+b+c, v=a-b-2c$,试求 $u+2v$ 与 a,b,c 的关系式.

2. 如果平面上一个四边形的对角线互相平分,试用向量运算证明此四边形是平行四边形.

3. 求下列向量的长度和方向余弦:
(1) $a=4i+j+2k$;
(2) $b=-2i-3j+7k$;
(3) $c=2i-j-2k$;
(4) $d=i-2j+2k$.

4. 求与下列向量方向一致的单位向量:
(1) $a=-4i+3j-2k$;
(2) $b=2i+3j-5k$.

5. 已知 $a=3i+2j+k, b=i+j+2k, c=-i+j+k$,求 $a-2b+c$ 的坐标表示.

6. 求下列各组向量中两个向量所成的角:
(1) $a=-4i+2j+3k, b=2i+j+5k$;
(2) $a=5i-3j-3k, b=5i-5j-5k$.

7. 证明以 $A(6,3,3), B(3,1,-1)$ 和 $C(-1,1,2)$ 为顶点的三角形是直角三角形.

8. 求向量 a 在向量 b 上的投影:
(1) $a=-i+5j+3k, b=-i-j+2k$;
(2) $a=i+2j+4k, b=3i-k$.

9. 已知 $a=2i+3j+\alpha k$ 与 $b=2i+2j+3k$ 垂直,求 α.

10. 已知单位向量 a,b,c 满足 $a+b+c=0$,求 $a \cdot b+b \cdot c+c \cdot a$.

11. 试用向量运算证明直径所对的圆周角是直角.

12. 求两个互相垂直的向量 a,b 使得它们都与向量 $c=-4i+2j+5k$ 垂直.

13. 已知 $\overrightarrow{OA}=i+2j+3k, \overrightarrow{OB}=i+3j+2k$,求三角形 OAB 的面积.

14. 求以 $\overrightarrow{OA}=3i-4j+2k, \overrightarrow{OB}=-i+2j+k$ 和 $\overrightarrow{OC}=3i-2j+5k$ 为棱的平行六面体的体积.

15. 已知 $a=3i+3j+k, b=-2i+j, c=2i-j+k$,求:
(1) $a \times b$;
(2) $a \times (b+c)$;
(3) $a \cdot (b \times c)$;
(4) $a \times b \times c$.

6.4 平面和空间直线方程

在本章的开始,我们定义直角坐标系的时候,就已经看到空间里的平面(坐标平面)对应于一个方程.而一条直线(坐标轴)则对应到两个方程.在本节中,我们将看到这是一个普遍的事实.

6.4.1 平面方程

给定空间里的一个点 P,从几何来看,过这一点的平面有无穷多个.但如果进一步以 P 为始点作一向量 n,则过 P 点而又垂直于 n 的平面就惟一地被确定了.我们把"过 P 点","垂直于 n"这两个条件在坐标系中数值化,就得到这个平面上所有点的坐标都应该满足的方程(图 6.11).

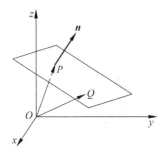

图 6.11

设在坐标系 $(O;x,y,z)$ 中,向量 $\overrightarrow{OP}, n$ 的坐标分别为 $(a,b,c), (A,B,C)$,平面上任意一点 Q 的坐标为 (x,y,z),则根据垂直的要求,有

$$0 = \overrightarrow{PQ} \cdot n = (\overrightarrow{OQ} - \overrightarrow{OP}) \cdot n$$
$$= (x-a, y-b, z-c) \cdot (A, B, C)$$
$$= A(x-a) + B(y-b) + C(z-c).$$

这个方程可写为更一般的形式:

$$Ax + By + Cz = Aa + Bb + Cc = D. \quad (6.12)$$

这就是过 P 点而与向量 n 垂直的平面方程.其中系数 $n=(A,B,C)$ 称为平面的**法方向**或**法向量**.

例 6.8 一个平面经过 $(3,-2,1)$ 并垂直于向量 $(3,4,6)$,求它的方程.

解 如上述,方程应为 $3x+4y+6z=D$,而 $D=3\times 3+4\times(-2)+6\times 1=7$,所以方程为

$$3x + 4y + 6z = 7.$$

用过一点及已知法向量来求平面方程是最基本的方法,很多别的条件大多都可以归结为这种方法,请看下面的例子.

例 6.9 已知平面过三个点 $P(1,2,-1), Q(2,1,-3), R(5,2,-4)$,求此平面方程.

解 平面上三个点可以定出两个共始点的向量,而这两个向量外积的方

向与这两个向量垂直,因而与平面垂直,因而它是法向量.这就归结到"一点一方向"的模式了.

$$\boldsymbol{n} = \overrightarrow{PQ} \times \overrightarrow{PR} = (1, -1, -2) \times (4, 0, -3) = (3, -5, 4),$$
$$P = (1, 2, -1),$$

因此平面方程为

$$3(x-1) - 5(y-2) + 4(z+1) = 0,$$

或

$$3x - 5y + 4z = -11.$$

此题还有一种做法,设要求的平面方程为

$$Ax + By + Cz = D,$$

其中 A, B, C, D 为待定常数.

因为三个点都在平面上,它们都满足这个方程,即

$$A + 2B - C = D,$$
$$2A + B - 3C = D,$$
$$5A + 2B - 4C = D.$$

这是有 4 个未知数,3 个方程的线性方程组,先假定它们有解,可以看出解不止一个. 不妨设 $D=1$. 解出 $A=-3/11, B=5/11, C=-4/11$. 与上面的结果一致.

6.4.2 空间直线方程

在引进直角坐标系时曾提到过,一条直线所对应的方程有两个(例如一个坐标轴由两个坐标平面方程所决定).这也是一个普遍的事实,也很容易理解,因为任何一条直线都可以看成是两个非平行平面的交线,也就是一条直线都应由两个方程所确定,所以可以推断:空间里一条直线的方程应该是一个包含两个方程的方程组

$$\begin{cases} A_1 x + B_1 y + C_1 z = D_1, \\ A_2 x + B_2 y + C_2 z = D_2. \end{cases} \tag{6.13}$$

要说明这两个平面不平行,就需假定它们的法方向不平行,即

$$(A_1, B_1, C_1) \times (A_2, B_2, C_2) \neq 0.$$

在此条件下,方程组(6.13)就称为直线的一般方程.

更为常用的是直线的参数方程.

如同平面方程由其上一点及其法方向所惟一确定一样,直线方程也应由其上一点及直线的方向所惟一确定.

* 一个向量两端无限延长就是一条直线. 一个开始点加上一个方向就确定了一个向量,同时也确定了一条(有向)直线. 从几何角度看,确定一条直线最简单的方法是给定直线上两个点,也就相当于给定一个点及一个方向.

下面通过坐标来实现这一点.

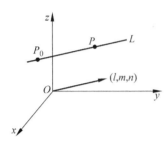

图 6.12

假设已知直线 L 上一点 $P_0(x_0,y_0,z_0)$ 及 L 的方向 (l,m,n),在 L 上任取一点 $P(x,y,z)$,则向量 $\overrightarrow{P_0P}=(x-x_0,y-y_0,z-z_0)$ 与 (l,m,n) 平行(图 6.12),即

$$(x-x_0,y-y_0,z-z_0)=t(l,m,n),$$

这里 t 是一个参数,把它消掉,有

$$\frac{x-x_0}{l}=\frac{y-y_0}{m}=\frac{z-z_0}{n}=t.$$

(6.14)

不看最后一个等式(把 t 消掉),就得到两个关于 x,y,z 的方程,它们都是平面方程. 联立起来就是直线的方程.

* 前面的方程不含 z,说明它是一个与 z 轴平行的平面;而后面的方程不含 x,说明它是一个与 x 轴平行的平面. (为什么?)

例 6.10 求过点 $Q(2,-1,1)$ 并与 z 轴垂直相交的直线方程.

解 记此直线为 L. 它既与 z 轴垂直相交,则它必平行于 xOy 平面,根据 Q 的坐标,可知 L 必位于以 $z=1$ 为方程的平面上,在此平面上 L 与 z 轴的交点为 $(0,0,1)$,于是 L 的方向为 $(0-2,0-(-1),1-1)=(-2,1,0)$. 所求的直线方程为

$$\frac{x-2}{-2}=\frac{y+1}{1}=\frac{z-1}{0}.$$

由于分母不能为零,所以得到第一个方程为

$$z=1,$$

另一个方程为

$$x-2+2(y+1)=0.$$

最后得到直线的方程是

$$\begin{cases} x+2y=0, \\ z=1. \end{cases}$$

* 在这一段可以看出:在空间直角坐标系中,无论是平面还是直线,它们的方程都是线性的,即所有的变量都只以一次的形式出现. 其一般形式为 $Ax+$

$By+Cz$. 通常称之为一次式或线性式. 而直线和平面的几何称为线性几何.

* 空间中一个平面 π 和一条直线 L 的关系有三种可能: L 在 π 上; L 与 π 平行; L 与 π 相交于一点. 与之相应的代数说法是由三个方程(平面一个, 直线两个)所组成的线性方程组解的情况. 第一种情况是它有无穷多个解(无穷多个交点); 第二种情况是没有解(没有交点); 第三种情况是有惟一解(相交于一点). 这样就把这个问题完全代数化了.

习题 6.4

1. 求满足下列条件的平面方程:
(1) 过点 $A(1,2,1)$ 且垂直于 $\boldsymbol{a}=2\boldsymbol{i}-4\boldsymbol{j}+2\boldsymbol{k}$;
(2) 过点 $A(1,1,-1), B(-2,-2,2)$ 和 $C(1,-1,2)$;
(3) 过点 $A(1,-2,3)$ 且平行于平面 $2x+4y-z=6$;
(4) 过点 $A(2,1,-1)$ 且平行于 xOy 平面.

2. 求平面 $3x-2y+5z=1$ 和平面 $4x-2y-3z=2$ 之间的夹角.

3. 求点 $A(1,-1,1)$ 到平面 $x+3y+z=10$ 的距离.

4. 求满足下列条件的直线方程:
(1) 过点 $A(1,-2,3)$ 和 $B(3,2,1)$;
(2) 过点 $A(4,0,6)$ 且垂直于平面 $x-5y+2z=1$;
(3) 过点 $A(4,1,2)$ 且平行于直线 $\dfrac{x-3}{2}=\dfrac{y}{1}=\dfrac{z-2}{5}$;
(4) 过点 $A(1,1,0)$ 且平行于直线 $\begin{cases} x+y-z=0, \\ 3x-2y+z=1. \end{cases}$

5. 求直线 $\dfrac{x+8}{2}=\dfrac{y-5}{3}=\dfrac{z-1}{-1}$ 的参数方程.

6. 求直线 $\begin{cases} x=2-2t \\ y=3-4t \\ z=1+2t \end{cases}$ 的对称式方程.

7. 求直线 $\dfrac{x-1}{-4}=\dfrac{y-2}{3}=\dfrac{z-4}{-2}$ 与直线 $\dfrac{x-2}{-1}=\dfrac{y-1}{1}=\dfrac{z+2}{6}$ 之间的夹角的余弦.

8. 证明直线 $\begin{cases} x+2y-z=2 \\ -2x+y+z=1 \end{cases}$ 与直线 $\begin{cases} 3x+6y-3z=7 \\ -2x+y+z=1 \end{cases}$ 平行.

6.5 二次曲面

在这一节中我们将介绍一点最简单的非线性几何——**二次曲面**.

在空间任取一个坐标系,于是空间中每一点就有一个坐标(x,y,z). 如果对三个数之间不加任何限制,则它们不过是空间中一些没有什么规律的点的集合;如果这三个数之间有某种确定的关系,比如说,在一定的范围内,前两个数任意取定后,第三个数也随之而定. 例如 $z=x^2+4y^2$,或更一般地,$z=f(x,y)$,这时坐标为$(x,y,f(x,y))$的点,当x,y在某一范围内变动时,一般就组成一个空间里的曲面,并用方程 $z=f(x,y)$ 来表示这个曲面.

反过来,假如给定了一个由空间中一部分点所组成的曲面,则它上面点的坐标必须满足某些条件,这种条件一般可用方程 $z=f(x,y)$ 或 $F(x,y,z)=0$ 来表示,并称之为曲面的方程. 总之,通过坐标,曲面与其方程的关系就是曲面上点的坐标必须满足方程,而所有满足方程的点也必然在曲面上. 特别地,如果方程是二次方程,则曲面就称为二次曲面.

和线性的情况一样,一个方程 $F(x,y,z)=0$ 表示一个曲面,两个方程 $F(x,y,z)=0, G(x,y,z)=0$ 则表示坐标同时满足两个方程的点的全体,也就是这两个曲面所交的曲线.

下面是几个特殊二次曲面的例子.

1. 球面

以点(a,b,c)为球心,以 r 为半径的球面方程为
$$(x-a)^2+(y-b)^2+(z-c)^2=r^2.$$
它表示球面上任一点(x,y,z)与球心的距离是常数 r.

例 6.11 求 xOy 平面上以圆点为圆心,1 为半径的圆的方程.

解 这个圆可以看成是空间的球面
$$x^2+y^2+z^2=1$$
和平面 $z=0$ 的交线,所以这两个方程就是所求圆的方程.

* 两个方程中,把第二个$(z=0)$代入第一个得到方程 $x^2+y^2=1$,似乎它就已经表示坐标平面上圆的方程. 这种理解是不对的. 在三维空间中,一个方程一般就是表示一个曲面. 如果只看 $x^2+y^2=1$ 一个方程,说明 z 可以任意取值,所以它实际上表示一个圆柱面. 如果我们只在平面上讨论问题,则根本不出现 z,因此在平面坐标中,一个方程表示一条曲线,而两个方程一般就表示两条曲线的交点. 这和三维的情况是类似的. 这提醒我们,看一个方程所表示的几何图像,必须先说明所在的空间,而不能只看出现变量的个数.

2. 柱面

由一组平行直线所形成的曲面叫做**柱面**. 这些平行直线叫做它的**母线**. 在柱面上与各母线都交于一点的曲线叫做它的一条**准线**.

下面来求柱面的方程. 在取坐标系时, 不妨取 z 轴与母线平行, 这样柱面上的点只依赖于 x, y, 而与 z 无关. 如果柱面在 xOy 坐标平面中的准线方程为 $F(x, y) = 0$, 则此柱面在空间坐标中的方程就是 $F(x, y) = 0$.

例如以平面椭圆 $\frac{x^2}{a^2} + \frac{y^2}{b^2} = 1, z = 0$ 为准线的柱面方程是 $\frac{x^2}{a^2} + \frac{y^2}{b^2} = 1$ (图 6.13). 以平面抛物线 $x^2 - y = 0, z = 0$ 为准线的柱面方程是 $x^2 - y = 0$ (图 6.14).

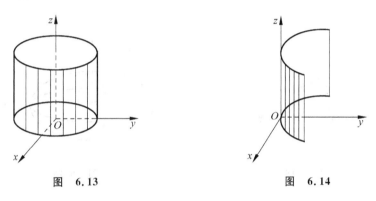

图 6.13 图 6.14

同理, 如果母线与 Oy 轴平行, 则柱面方程为 $F(x, z) = 0$.

3. 锥面

由一组过一定点的直线所形成的曲面叫做**锥面**. 这些直线叫做锥面的**母线**, 定点叫做**顶点**; 而锥面上不过顶点但与每条母线交于一点的曲线叫做**准线**.

例 6.12 锥面的顶点在原点, 准线方程为
$$\begin{cases} f(x, y) = 0, \\ z = 1, \end{cases}$$
求此锥面的方程.

解 设 (x, y, z) 是锥面上顶点以外的一个点, 它与顶点的连线方程为
$$\frac{\xi}{x} = \frac{\eta}{y} = \frac{\zeta}{z}.$$

这条直线与平面 $\zeta = 1$ 交于 $\xi = \frac{x}{z}, \eta = \frac{y}{z}, \zeta = 1$. 所以点 $\left(\frac{x}{z}, \frac{y}{z}, 1\right)$ 在准线上, 即 $f\left(\frac{x}{z}, \frac{y}{z}\right) = 0$. 这就是锥面的方程.

如果 $f(x,y)=0$ 是 $z=1$ 平面上的抛物线 $x^2-y=0$，那么所求的锥面（图 6.15）方程就是

$$\left(\frac{x}{z}\right)^2 - \frac{y}{z} = 0$$

或

$$x^2 - yz = 0.$$

下面几个常见的二次曲面，我们只给出它们的方程和图形.

4. 椭球面

方程为 $\dfrac{x^2}{a^2}+\dfrac{y^2}{b^2}+\dfrac{z^2}{c^2}=1$. 图形见图 6.16.

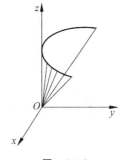

图 6.15

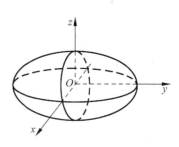

图 6.16

5. 单叶双曲面

方程为 $\dfrac{x^2}{a^2}+\dfrac{y^2}{b^2}-\dfrac{z^2}{c^2}=1$. 图形见图 6.17.

6. 椭圆抛物面

方程为 $z=\dfrac{x^2}{a^2}+\dfrac{y^2}{b^2}$. 图形见图 6.18.

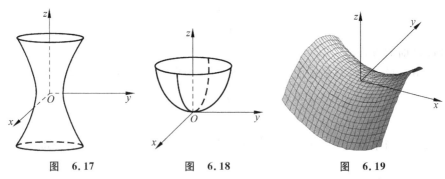

图 6.17　　　　图 6.18　　　　图 6.19

7. 双曲抛物面(马鞍面)

方程为 $z=\dfrac{x^2}{a^2}-\dfrac{y^2}{b^2}$. 图形见图 6.19.

习题 6.5

1. 说明下列方程在空间中表示的图形,并画出草图:
(1) $y^2+z^2=9$;
(2) $3x+2z=6$;
(3) $z^2=4y$;
(4) $x^2+y^2-8x+4y+11=0$;
(5) $x^2+4y^2+16z^2=16$;
(6) $9x^2-y^2+9z^2-9=0$;
(7) $x^2-y^2+z^2=0$;
(8) $x^2+y^2-4z=0$.

2. 说明下列方程表示的曲线:

(1) $\begin{cases} x^2+y^2+z^2=25, \\ y=4; \end{cases}$
(2) $\begin{cases} z=\dfrac{x^2}{4}+\dfrac{y^2}{9}, \\ z=4; \end{cases}$

(3) $\begin{cases} z=\dfrac{x^2}{4}+\dfrac{y^2}{9}, \\ x=4; \end{cases}$
(4) $\begin{cases} x^2+y^2-z^2=0, \\ x+1=0. \end{cases}$

3. 求椭圆 $\begin{cases} \dfrac{x^2}{a^2}+\dfrac{y^2}{b^2}+\dfrac{z^2}{c^2}=1, \\ z=h \end{cases}$ $(-c<h<c)$ 所围的面积.

4. 求下列旋转曲面的方程:
(1) $z=x^2$,绕 z 轴旋转;
(2) $y=2x^2$,绕 y 轴旋转;
(3) $z=3y$,绕 z 轴旋转;
(4) $3x^2+2y^2=6$,绕 y 轴旋转;
(5) $2x^2-3y^2=12$,绕 x 轴旋转.

复习题 6

1. 设 a,b 为任意向量,证明:
(1) $|a+b|^2+|a-b|^2=2(|a|^2+|b|^2)$;
(2) $|a\times b|^2+(a\cdot b)^2=|a|^2|b|^2$.

2. 已知向量 a,b,c 满足 $a+b+c=\mathbf{0}$,求证:$a\times b=b\times c=c\times a$.

3. 设 $a \times b = c \times d, a \times c = b \times d$，求证 $a-d$ 与 $b-c$ 平行.

4. 求以 $A(0,0,0), B(3,4,-1), C(2,3,5)$ 和 $D(6,0,-3)$ 为顶点的四面体的体积.

5. 求两平行平面 $3x+2y+6z-35=0$ 和 $3x+2y+6z-56=0$ 之间的距离.

6. 判断直线 $\dfrac{x}{2}=\dfrac{y+3}{3}=\dfrac{z}{4}$ 与 $\dfrac{x-1}{1}=\dfrac{y+2}{1}=\dfrac{z-2}{2}$ 是否共面，若共面，求它们的交点.

7. 画出下列各组曲面所围成的立体图形：

(1) $z=x^2+y^2+1, z=3$；

(2) $x^2+y^2=2y, z=0, z=3$.

8. 点到平面的距离：设平面 π 的法向量为 $\boldsymbol{n}$，P 是 π 上的一点，Q 是 π 外的一点，证明 Q 到 π 的距离为

$$d=\dfrac{|\overrightarrow{PQ}\cdot \boldsymbol{n}|}{|\boldsymbol{n}|}.$$

9. 点到直线的距离：设直线 L 的方向向量为 ，P 是 L 上的一点，Q 是 L 外的一点，证明 Q 到 L 的距离为

$$d=\dfrac{|\overrightarrow{PQ}\cdot\ |}{|\ |}.$$

10. 直线到直线的距离：设 L_1 与 L_2 是两条既不平行又不相交的直线，L_1 的方向向量为 ₁，L_2 的方向向量为 ₂，$\boldsymbol{n}=\ _1\times\ _2$，证明 L_1 与 L_2 之间的距离为

$$d=\dfrac{|\overrightarrow{PQ}\cdot \boldsymbol{n}|}{|\boldsymbol{n}|},$$

其中 P 是 L_1 上的一点，Q 是 L_2 上的一点.

附录 A

本附录的绝大多数内容都曾在中学数学课程中出现过. 写这部分的目的一方面是方便读者随时复习, 另一方面是方便读者在以后的学习中随时查阅. 如果有些读者对这些内容已经相当熟悉, 则可以不看.

A.1 初等代数中的几个问题

A.1.1 一元二次方程

一个函数 $y=f(x)$ 确定了一个由实数 x 决定实数 y 的对应关系, f 确定后, 可以反过来问: 给定了一个实数 $y=b$, 是否有实数 $x=a$ 满足 $b=f(a)$? 这就是一个解方程的问题, 一般方程不一定有解, 例如 $f(x)=x^2+1$, 方程 $f(x)=0$ 就没有实数解. 有些方程有多个解, 例如方程 $f(x)=\sin x=0$ 有无穷多个解 $x=0, \pm\pi, \pm 2\pi, \cdots$.

如果方程 $f(x)=0$ 的解和函数 $f(x)$ 的定义域一致, 即 f 定义域中的任何实数都是方程 $f(x)=0$ 的解, 我们就说 $f(x)=0$ 是一个"恒等式", 例如 $f(x)=1-\sin^2 x-\cos^2 x=0$ 就是一个恒等式.

对于方程, 问题往往是求解; 对于恒等式, 问题是证明其正确.

形如
$$ax^2+bx+c=0 \quad (a\neq 0)$$
的方程称为一元二次方程,
$$\Delta=b^2-4ac$$
称为此方程的**判别式**. 根据

$$ax^2+bx+c = a\left(x+\frac{b}{2a}\right)^2 - \frac{b^2-4ac}{4a},$$

可知 $ax^2+bx+c=0$ 与 $\left(x+\frac{b}{2a}\right)^2 = \frac{b^2-4ac}{4a^2}$ 等价. 所以当判别式 Δ 大于零时,方程有两个不同的实根

$$x_{1,2} = \frac{-b \pm \sqrt{b^2-4ac}}{2a};$$

当 Δ 等于零时,方程有一个二重实根

$$x = -\frac{b}{2a};$$

当 Δ 小于零时,方程有一对共轭复根

$$x = \frac{-b + \mathrm{i}\sqrt{4ac-b^2}}{2a}, \quad \bar{x} = \frac{-b - \mathrm{i}\sqrt{4ac-b^2}}{2a}.$$

若记一元二次方程的两个根分别为 x_1, x_2,则有

$$x_1 + x_2 = -\frac{b}{a}, \quad x_1 x_2 = \frac{c}{a},$$

这就是韦达定理,它给出了根与系数之间的关系.

一般的实系数 n 次多项式方程为

$$a_n x^n + a_{n-1} x^{n-1} + \cdots + a_1 x + a_0 = 0 \quad (a_n \neq 0),$$

此方程在复数范围内有且仅有 n 个根,且复根成对出现,即此方程的任意复根的共轭复数仍然是该方程的根. 也就是说,实系数 n 次多项式在实数范围内一定可以分解成一次因式和二次因式的乘积.

$y = ax^2 + bx + c$ 称为一元二次函数,其图像是 xOy 平面上的一条抛物线. 如图 A.1 所示,当 $a>0$ 时,抛物线的开口朝上,当 $a<0$ 时,抛物线的开口朝下. 根据

$$y = ax^2 + bx + c = a\left(x+\frac{b}{2a}\right)^2 - \frac{b^2-4ac}{4a},$$

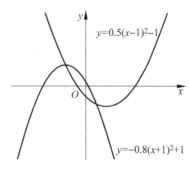

图 A.1

可知抛物线的对称轴为垂直于 x 轴的直线 $x = -\dfrac{b}{2a}$, 顶点坐标为 $\left(-\dfrac{b}{2a}, \dfrac{4ac-b^2}{4a}\right)$.

A.1.2 代数不等式

1. 常用的不等式性质

(1) 不等式 $a>b$ 与 $a-b>0$ 等价;

(2) 若 $a>b, b>c$, 则 $a>c$;

(3) 若 $a>b, k>0$, 则 $ka>kb$;

(4) 若 $a>b, k<0$, 则 $ka<kb$;

(5) 若 $a>b, c>d$, 则 $a+c>b+d, a-d>b-c$.

2. 常见的基本不等式

(1) 算术平均值与几何平均值的关系

设 a, b 是非负实数, 则有
$$\frac{a+b}{2} \geqslant \sqrt{ab},$$
"="当且仅当 $a=b$ 时成立;

(2) 绝对值不等式

设 a, b 是两个任意实数, 则有
$$|a+b| \leqslant |a| + |b|,$$
"="当且仅当 a, b 同号时成立.

3. 解不等式的例子

(1) 考虑不等式
$$ax^2 + bx + c > 0,$$
如果记一元二次方程的两个不同实根分别为 x_1, x_2, 且 $x_1 < x_2$, 根据一元二次函数的图像可知, 当 $a>0$ 时, 这个不等式的解集是
$$\{x \mid x < x_1 \text{ 或 } x > x_2\};$$
当 $a<0$ 时, 它的解集是
$$\{x \mid x_1 < x < x_2\}$$
用类似的方法可以求解不等式 $ax^2 + bx + c \geqslant 0, ax^2 + bx + c < 0$ 或 $ax^2 + bx + c \leqslant 0$.

例 A.1 解不等式 $x^2 + (1-a)x - a < 0$.

解 因为一元二次方程 $x^2 + (1-a)x - a = 0$ 的根为

$$x_{1,2} = \frac{a-1 \pm \sqrt{(1-a)^2+4a}}{2} = \frac{a-1 \pm |1+a|}{2},$$

所以当 $a<-1$ 时,原不等式的解集为开区间 $(a,-1)$;当 $a \geqslant -1$ 时,原不等式的解集为开区间 $(-1,a)$.

(2) 不等式
$$|f(x)|>a>0$$
等价于
$$f(x)>a \quad \text{或} \quad f(x)<-a;$$
不等式
$$|f(x)|<a$$
等价于
$$f(x)>-a \quad \text{及} \quad f(x)<a.$$

例 A.2 不等式 $|x-2|<3$ 的解集为开区间 $(-1,5)$.

例 A.3 求解不等式 $|x^2-2x-5|<3$.

解 不等式 $|x^2-2x-5|<3$ 等价于不等式组
$$\begin{cases} x^2-2x-5<3, \\ x^2-2x-5>-3, \end{cases}$$

由于 $x^2-2x-8<0$ 的解集为 $(-2,4)$, $x^2-2x-2>0$ 的解集为 $(-\infty,1-\sqrt{3}) \cup (1+\sqrt{3},+\infty)$,所以原不等式的解集为 $(-2,1-\sqrt{3}) \cup (1+\sqrt{3},4)$.

A.1.3 复数

1. 复数的基本概念

满足 $i^2=-1$ 的 i 称为**虚数单位**.虚数单位 i 可以参加数的四则运算,与实数满足相同的运算律.当 a,b 都是实数时,$a+bi$ 称为**复数**,记作 $z=a+bi$,其中 a 称为 z 的**实部**,b 称为 z 的**虚部**.实部相同、虚部正负号相反的两个复数称为**共轭复数**,$z=a+bi$ 的共轭复数记作 $\bar{z}=a-bi$.复数集中的数与复平面中的点之间也是一一对应的.在图 A.2 中,横轴称为实轴,竖轴称为虚轴,点 $Z(a,b)$ 是复数 $z=a+bi$ 对应的点,线段 OZ 的长称为复数的**模**(绝对值),记作 $|z|=\sqrt{a^2+b^2}$,线段 OZ 与正实轴所成的角 α 称为复数 $z=a+$

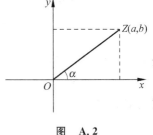

图 A.2

$b\mathrm{i}$ 的**辐角**,记作 $\arg z$,辐角满足 $\tan(\arg z) = \dfrac{b}{a}$,规定其取值范围是 $[0, 2\pi)$.

2. 复数的表示形式

复数主要有三种表示形式. $z = a + b\mathrm{i}$ 称为复数的代数形式,它又可写成

$$z = a + b\mathrm{i} = \sqrt{a^2 + b^2}\left(\dfrac{a}{\sqrt{a^2+b^2}} + \mathrm{i}\dfrac{b}{\sqrt{a^2+b^2}}\right) = |z|(\cos\alpha + \mathrm{i}\sin\alpha),$$

其中 $|z|, \alpha$ 分别是复数 z 的模和辐角,这就是复数的三角形式. 根据 Euler 公式 $\mathrm{e}^{\mathrm{i}\alpha} = \cos\alpha + \mathrm{i}\sin\alpha$,又有 $z = |z|(\cos\alpha + \mathrm{i}\sin\alpha) = |z|\mathrm{e}^{\mathrm{i}\alpha}$,这就是复数的指数形式.

3. 复数的四则运算

(1) 复数的加法

设 $z_1 = a_1 + \mathrm{i}b_1, z_2 = a_2 + \mathrm{i}b_2$,定义复数

$$z_1 + z_2 = (a_1 + a_2) + \mathrm{i}(b_1 + b_2)$$

为 z_1 与 z_2 的和. 如图 A.3 所示,在复平面上,以 OZ_1, OZ_2 为邻边作平行四边形,则与 O 相对的顶点就是复数 $z_1 + z_2$ 对应的点,因此

$$|z_1 + z_2| \leqslant |z_1| + |z_2|.$$

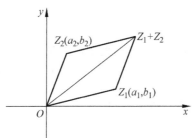

图 A.3

(2) 复数的乘法

设 $z_1 = a_1 + \mathrm{i}b_1, z_2 = a_2 + \mathrm{i}b_2$,定义

$$z_1 z_2 = (a_1 a_2 - b_1 b_2) + \mathrm{i}(a_1 b_2 + a_2 b_1).$$

当复数以三角形式 $z_1 = |z_1|(\cos\alpha_1 + \mathrm{i}\sin\alpha_1), z_2 = |z_2|(\cos\alpha_2 + \mathrm{i}\sin\alpha_2)$ 表示时,可推出

$$z_1 z_2 = |z_1||z_2|(\cos(\alpha_1 + \alpha_2) + \mathrm{i}\sin(\alpha_1 + \alpha_2)).$$

当复数以指数形式 $z_1 = |z_1|\mathrm{e}^{\mathrm{i}\alpha_1}, z_2 = |z_2|\mathrm{e}^{\mathrm{i}\alpha_2}$ 表示时,就有

$$z_1 z_2 = |z_1||z_2|\mathrm{e}^{\mathrm{i}(\alpha_1 + \alpha_2)}.$$

这说明

$$|z_1 z_2| = |z_1||z_2|, \quad \arg(z_1 z_2) = \arg z_1 + \arg z_2.$$

(3) 复数的除法

设 $z_1 = a_1 + \mathrm{i}b_1$,$z_2 = a_2 + \mathrm{i}b_2$,根据复数的乘法得

$$\frac{z_1}{z_2} = \frac{a_1 + \mathrm{i}b_1}{a_2 + \mathrm{i}b_2} = \frac{(a_1 + \mathrm{i}b_1)(a_2 - \mathrm{i}b_2)}{(a_2 + \mathrm{i}b_2)(a_2 - \mathrm{i}b_2)}$$

$$= \frac{(a_1 a_2 + b_1 b_2) + \mathrm{i}(a_2 b_1 - a_1 b_2)}{a_2^2 + b_2^2},$$

这就是代数形式下的除法公式. 如用三角形式 $z_1 = |z_1|(\cos \alpha_1 + \mathrm{i}\sin \alpha_1)$,$z_2 = |z_2|(\cos \alpha_2 + \mathrm{i}\sin \alpha_2)$ 表示,则有

$$\frac{z_1}{z_2} = \frac{|z_1|}{|z_2|}(\cos(\alpha_1 - \alpha_2) + \mathrm{i}\sin(\alpha_1 - \alpha_2)).$$

如用指数形式 $z_1 = |z_1|\mathrm{e}^{\mathrm{i}\alpha_1}$,$z_2 = |z_2|\mathrm{e}^{\mathrm{i}\alpha_2}$ 表示,则有

$$\frac{z_1}{z_2} = \frac{|z_1|}{|z_2|}\mathrm{e}^{\mathrm{i}(\alpha_1 - \alpha_2)},$$

也就是

$$\left|\frac{z_1}{z_2}\right| = \frac{|z_1|}{|z_2|}, \quad \arg\left(\frac{z_1}{z_2}\right) = \arg z_1 - \arg z_2.$$

A.1.4 数列

将一些编上号的数按其编号(不是按数本身)从小到大放到一起就构成了一个数列,数列一般记作 $a_1, a_2, a_3, \cdots, a_n, \cdots$ 或 $\{a_n\}$,其中 a_n 称为数列的**通项**. $S_n = \sum_{k=1}^{n} a_k$ 称为数列的**前 n 项和**.

1. 等差数列

设 $\{a_n\}$ 是一个数列,若 $a_{n+1} - a_n = d$ 对所有的 $n \in \mathbb{N}$ 都成立,则称 $\{a_n\}$ 为**等差数列**,d 称为**公差**. 根据等差数列的定义,等差数列的通项为 $a_n = a_1 + (n-1)d$,前 n 项和为 $S_n = na_1 + \frac{1}{2}(n-1)nd$,且其通项满足 $a_n = \frac{1}{2}(a_{n-k} + a_{n+k})(k=1,2,\cdots,n-1)$. 最后一个等式说明,在等差数列中,任何一项都是其"前后"两项的算术平均值.

例 A.4 设 $\{a_n\}$ 是一个等差数列,且 $a_2 + a_3 + a_{10} + a_{11} = 64$,求 $a_6 + a_7$ 和 S_{12}.

解 根据等差数列的性质可知 $a_6 + a_7 = a_3 + a_{10} = a_2 + a_{11}$,所以

$$a_6 + a_7 = \frac{a_2 + a_3 + a_{10} + a_{11}}{2} = 32;$$

$$S_{12} = a_1 + a_2 + \cdots + a_{11} + a_{12} = 6(a_6 + a_7) = 192.$$

2. 等比数列

设 $\{a_n\}$ 是一个数列且 $a_n \neq 0$,若 $\dfrac{a_{n+1}}{a_n} = q$ 对所有的 $n \in \mathbb{N}$ 都成立,则称 $\{a_n\}$ 是**等比数列**,q 称为**公比**. 根据等比数列的定义,等比数列的通项为 $a_n = a_1 q^{n-1}$,前 n 项和为 $S_n = a_1 \dfrac{1-q^n}{1-q}$,且其通项满足 $|a_n| = \sqrt{a_{n-k} a_{n+k}}$ ($k = 1, 2, \cdots, n-1$). 最后一个等式说明,在等比数列中,任何一项的绝对值都是其"前后"两项的几何平均值.

例 A.5 设 $\{a_n\}$ 是一个等比数列,且 $a_3 = 12, a_5 = 48$,求 a_1, a_{10} 和 $a_2 a_6$ 的值.

解 设数列 $\{a_n\}$ 的公比为 q,则 $\dfrac{a_5}{a_3} = q^2 = 4$,所以

$$a_1 = \dfrac{a_3}{q^2} = \dfrac{12}{4} = 3;$$

$$a_{10} = a_1 q^9 = 3 \times 2^9 = 1536,$$

或

$$a_{10} = a_1 q^9 = 3 \times (-2)^9 = -1536.$$

根据等比数列的性质可知

$$a_2 a_6 = a_3 a_5 = 12 \times 48 = 576.$$

A.1.5 二项式定理

两个数相加再进行自乘,我们知道

$$(a+b)^2 = a^2 + 2ab + b^2,$$
$$(a+b)^3 = a^3 + 3a^2 b + 3ab^2 + b^3,$$
$$\vdots$$

利用数学归纳法,可以证明对于正整数 n,有以下等式(二项式定理):

$$(a+b)^n = \sum_{k=0}^{n} C_n^k a^{n-k} b^k,$$

其中,正整数

$$C_n^k = \binom{n}{k} = \dfrac{n!}{(n-k)! \, k!}$$

称为二项式系数或组合数.

在二项式定理中,取 $a = 1, b = 1$,便得到

$$\sum_{k=0}^{n} C_n^k = 2^n,$$

这是组合数满足的一个重要关系;如果取 $a=1, b=-1$,那么就有
$$\sum_{k=0}^{n}(-1)^k C_n^k = 0,$$
这说明奇数项的二项式系数之和与偶数项的二项式系数之和相等,都等于 2^{n-1}.

例 A.6 已知 $(x+\sqrt{x})^n$ 的展开式中第三项的系数为 36,求正整数 n 的值.

解 根据题意 $C_n^2 = 36$,即 $\dfrac{n(n-1)}{2} = 36$,所以 $n=9$.

A.2 平面解析几何

A.2.1 平面直线

1. 直线的倾角与斜率

图 A.4 中直线 L 与 x 轴的正向所成的角 α 称为 L 的倾角,倾角 α 的取值范围是 $[0, \pi)$. 倾角的正切值 $\tan \alpha$ 称为 L 的斜率.

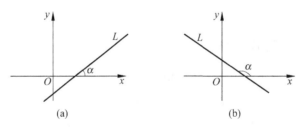

图 A.4

2. 直线方程

点斜式方程:当直线 L 的斜率为 k 且过点 (x_0, y_0) 时,其方程是
$$\frac{y-y_0}{x-x_0} = k \quad \text{或} \quad y = y_0 + k(x-x_0),$$
这就是直线的点斜式方程.

斜截式方程:当直线 L 的斜率为 k,在 y 轴上的截距为 b 时,其方程是
$$y = kx + b.$$

两点式方程:当直线 L 过点 (x_1, y_1) 和 (x_2, y_2) 时,其方程是
$$\frac{y-y_1}{x-x_1} = \frac{y-y_2}{x-x_2}.$$

截距式方程：当直线 L 在 x 轴上的截距为 a，在 y 轴上的截距为 b 时，其方程是
$$\frac{x}{a}+\frac{y}{b}=1.$$

直线的一般方程：方程
$$ax+by+c=0$$
称为**直线的一般方程**.

3. 两条直线的位置关系

已知两条直线的方程分别是 $L_1:a_1x+b_1y+c_1=0$, $L_2:a_2x+b_2y+c_2=0$.

当 $\dfrac{a_1}{a_2}=\dfrac{b_1}{b_2}=\dfrac{c_1}{c_2}$ 时，直线 L_1,L_2 重合；

当 $\dfrac{a_1}{a_2}=\dfrac{b_1}{b_2}\neq\dfrac{c_1}{c_2}$ 时，直线 L_1,L_2 平行但不重合；

当 $\dfrac{a_1}{a_2}\neq\dfrac{b_1}{b_2}$ 时，直线 L_1,L_2 相交；

当 $\dfrac{a_1}{b_1}\dfrac{a_2}{b_2}=-1$ 时，直线 L_1,L_2 垂直.

4. 点到直线的距离

点 $A(x_0,y_0)$ 到直线 $L:ax+by+c=0$ 的距离是
$$d=\frac{|ax_0+by_0+c|}{\sqrt{a^2+b^2}}.$$

例 A.7 设点 (a,b) 在单位圆 $x^2+y^2=1$ 的内部，讨论直线 $ax+by=1$ 和单位圆 $x^2+y^2=1$ 的位置关系.

解 单位圆内的点满足 $\sqrt{a^2+b^2}<1$. $x^2+y^2=1$ 的圆心 $(0,0)$ 到直线 $ax+by=1$ 的距离为
$$d=\frac{1}{\sqrt{a^2+b^2}}>1,$$
所以直线在单位圆外且与圆不相交.

A.2.2 简单二次曲线

1. 圆

圆是到一定点的距离等于定长的点的集合，定点称为**圆心**，定长称为**半径**. 圆心在 (x_0,y_0)，半径为 R 的圆的方程是

$$(x-x_0)^2+(y-y_0)^2=R^2,$$

如图 A.5 所示.

2. 椭圆

椭圆是到两定点 F_1,F_2 距离之和为一个常数的点的集合,如图 A.6 所示,两定点 F_1,F_2 称为椭圆的**焦点**.

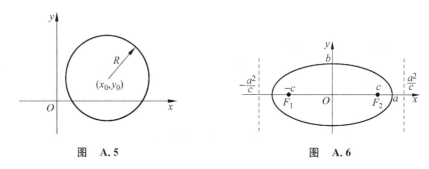

图 A.5　　　　　　　图 A.6

当 x 轴过 F_1,F_2, y 轴过线段 F_1F_2 的中点时,椭圆的方程为

$$\frac{x^2}{a^2}+\frac{y^2}{b^2}=1,$$

其中 a,b 分别是椭圆的长半轴和短半轴.这时焦点 F_1,F_2 的坐标分别为 $(-c,0)$ 和 $(c,0)$,其中 $c^2=a^2-b^2$.

$e=\dfrac{c}{a}<1$ 称为椭圆的**离心率**,直线 $x=\dfrac{a^2}{c}$ 和 $x=-\dfrac{a^2}{c}$ 称为椭圆的**准线**.

3. 双曲线

双曲线是到两定点 F_1,F_2 距离之差的绝对值为一个常数的点的集合,如图 A.7 所示,两定点 F_1,F_2 称为双曲线的**焦点**.

当 x 轴过 F_1,F_2, y 轴过线段 F_1F_2 的中点时,双曲线的方程为

$$\frac{x^2}{a^2}-\frac{y^2}{b^2}=1,$$

其中 a,b 分别是双曲线的实半轴和虚半轴.这时焦点 F_1,F_2 的坐标分别为 $(-c,0)$ 和 $(c,0)$,其中 $c^2=a^2+b^2$.

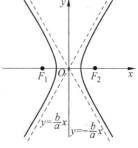

图 A.7

$e=\dfrac{c}{a}>1$ 称为双曲线的**离心率**;直线 $x=\dfrac{a^2}{c}$ 和 $x=-\dfrac{a^2}{c}$ 称为双曲线的**准线**;直线 $y=\dfrac{b}{a}x$ 和 $y=-\dfrac{b}{a}x$ 称为双曲线的**渐近线**.

例 A.8 双曲线 $\dfrac{x^2}{a^2}-\dfrac{y^2}{b^2}=1(a>0,b>0)$ 的右准线与两条渐近线交于 A, B 两点,若以 AB 为直径的圆经过右焦点 F,求该双曲线的离心率.

解 双曲线 $\dfrac{x^2}{a^2}-\dfrac{y^2}{b^2}=1(a>0,b>0)$ 的右准线为 $x=\dfrac{a^2}{c}$,两条渐近线方程为 $y=\pm\dfrac{b}{a}x$,所以线段 AB 的长度为 $2\dfrac{ab}{c}$. 根据题意可知

$$\dfrac{ab}{c}=c-\dfrac{a^2}{c},$$

即 $\dfrac{ab}{c}=c-\dfrac{a^2}{c}=\dfrac{c^2-a^2}{c}=\dfrac{b^2}{c}$,所以 $a=b$,从而 $c=\sqrt{a^2+b^2}=\sqrt{2}a$,因此离心率为

$$e=\dfrac{c}{a}=\sqrt{2}.$$

4. 抛物线

抛物线是到一定点 F 和到一定直线 l 的距离相等的点的集合,如图 A.8 所示,定点 F 称为抛物线的**焦点**,定直线 l 称为抛物线的**准线**.

当 x 轴过定点 F 且与定直线 l 垂直,y 轴在 F 与垂足的垂直平分线上时,抛物线的方程为

$$y^2=2px,$$

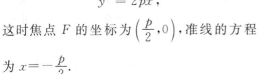

这时焦点 F 的坐标为 $\left(\dfrac{p}{2},0\right)$,准线的方程为 $x=-\dfrac{p}{2}$.

图 A.8

抛物线的离心率是 1.

例 A.9 写出抛物线 $y^2+2y=2x$ 的焦点坐标和准线方程.

解 将 $y^2+2y=2x$ 化为标准形式

$$(y+1)^2=2\left(x+\dfrac{1}{2}\right),$$

即

$$Y^2=2pX,$$

这时焦点满足 $(X,Y)=\left(\dfrac{1}{2},0\right)$,准线方程是 $X=-\dfrac{1}{2}$,所以焦点的坐标为 $(0,-1)$,准线方程为 $x=-1$.

A.3 集合与逻辑符号

A.3.1 集合

集合是指由一些确定的对象汇集的全体. 其中每个对象叫做集合的**元素**. 说一个集合必须对它有明确的定义, 即对任何一个事物都能根据定义指出它是否属于这个集合.

如果元素 a 在集合 A 中, 就称 a 属于 A, 记为 $a \in A$; 否则就称 a 不属于 A, 记为 $a \notin A$.

如果集合 A 的元素同时也是集合 B 的元素, 则称 A 是 B 的**子集合**, 简称子集, 记为 $A \subset B$, 或者 $B \supset A$. 如果 $A \subset B$ 及 $B \subset A$ 同时成立, 则称两个**集合相等**, 记为 $A = B$.

表述一个集合的方式通常有两种: 一种是穷举集合中的所有元素; 另外一种是指出集合中元素应当满足的条件. 前者如 $A = \{0, 1\}$, 它是一个包含 0, 1 两个元素的集合; 后者如 $A = \{(x, y) \mid x + 2y = 1; x, y \text{ 为实数}\}$.

包含有限个元素的集合叫做**有限集**; 不包含任何元素的集合叫做**空集**, 记为 $\varnothing$.

数学中最常见的几个集合为自然数集合 ($\mathbb{N}$), 整数集合 ($\mathbb{Z}$), 有理数集合 ($\mathbb{Q}$), 实数集合 ($\mathbb{R}$), 复数集合 ($\mathbb{C}$), 在这个次序中, 前一个集合是后一个集合的子集合.

设 A, B 是已知集合, 下面三个集合分别叫做 A 和 B 的**交集**、**并集**和 B 在 A 中的**余集**, 并分别记为

$$A \cap B = \{x \mid x \in A \text{ 且 } x \in B\},$$
$$A \cup B = \{x \mid x \in A \text{ 或 } x \in B\},$$
$$A \backslash B = \{x \mid x \in A \text{ 但 } x \notin B\}.$$

这三个集合分别如图 A.9(a), (b), (c) 所示.

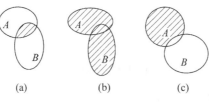

图 A.9

下面一些实数集 $\mathbb{R}$ 的子集在本书中是常用的. 设 $a,b \in \mathbb{R}$, $a<b$.

闭区间：$[a,b] = \{x \mid a \leqslant x \leqslant b\} \subset \mathbb{R}$；

开区间：$(a,b) = \{x \mid a < x < b\} \subset \mathbb{R}$，

半开半闭区间：$(a,b]$, $[a,b)$, $(-\infty, a]$, $[a, \infty)$.

一个点 a 的邻域：$U_a = \{x \mid a - \varepsilon_1 < x < a + \varepsilon_2\}$，它是一个开区间，其中 ε_1, $\varepsilon_2 > 0$.

A.3.2 一些逻辑符号

逻辑上所说的"判断（或命题）p"，指的是一个陈述句子，它所陈述的内容，可以判定它是真还是假.

一个判断 p 的否定运算 $\neg p$，指的是这样一个判断："p 不成立."

设 p, q 是两个判断，如果 p 成立就可断定 q 也成立，则说 p 能推出 q，或者说 p 蕴含 q，记为 $p \rightarrow q$. 例如 p 为"实数 a 与 b 同号"，q 为"$ab > 0$"，就有这种关系.

如果 $p \rightarrow q$ 成立，则称 p 是 q 成立的**充分条件**，而 q 就称为是 p 成立的**必要条件**. 如果 $p \rightarrow q$ 和 $q \rightarrow p$ 同时成立，则称 p 与 q **等价**或互为**充分必要条件**.

* 说两个判断 p, q 彼此等价也就是说它们可以互相代替，除了"互为充分必要条件"之外，两个判断的等价性还有一些其他的说法；例如"当且仅当"等. 必要条件和充分条件在日常生活中也常会遇到. 通俗地说，一个条件被称为对一个命题的成立是"必要的"，即指"缺它不行，但有它也未必行"；一个条件是"充分的"，即指"有它一定行，但没它也未必不行"；因此充分必要条件就成为"缺它不行，有它必行"了.

所谓对 $p \rightarrow q$ 加以"证明"，指的是利用已知的定义、公理或定理（判断），在命题 p 为真的假设下，通过逻辑的推导，得到命题 q 为真的整个过程.

所谓用反证法来证明 $p \rightarrow q$，指的是证明 $\neg q \rightarrow \neg p$；用语言来说，就是要证明 $p \rightarrow q$（如果 p 为真，则 q 为真），就等同于证明 $\neg q \rightarrow \neg p$（如果 q 为假，则 p 为假）. 例如：证明"$c > 0$，如果 $a \geqslant b$，则 $ac \geqslant bc$"，用反证法就是证明"如果 $ac < bc$，$c > 0$，则 $a < b$."

下面再介绍两个数学符号：$\forall$, $\exists$. 符号 $\forall x$ 表示对任意的 x 或所有的 x. 而符号 $\exists x$ 则表示存在一个 x 或总有一个 x. 例如，$\forall x \in \mathbb{R}$, $x^2 \geqslant 0$ 表示对所有的实数 x, $x^2 \geqslant 0$. $\exists x \in \mathbb{R}$, $x \geqslant x^3$ 则表示必有一个实数 x，使 $x \geqslant x^3$.

这两个符号还常用于否定语句. 如果要对如下形式的命题："对所有具有性质 p 的事物，必然具有性质 q"加以否定，不应说"对所有具有性质 p 的事

物,必然不会具有性质 q";而应该说"有一个具有性质 p 的事物,它没有性质 q". 也就是说,要否定一个包含全部对象的命题,只需举出一个对象不满足这个命题即可;同样,要否定一个专对某一个对象的命题,则必须说明所有的对象都不满足这个命题. 例如,要否定判断 $\forall x \in \mathbb{R}, x^2 \leqslant 0$,不是说 $\forall x \in \mathbb{R}, x^2 > 0$,而应该是 $\exists x \in \mathbb{R}, x^2 > 0$. 又如,要否定判断 $\exists x \in \mathbb{R}, x^2 < 0$,就应该说 $\forall x \in \mathbb{R}, x^2 \geqslant 0$.

习题答案

习题 1.1

1. (1) 不同； (2) 不同； (3) 不同.
2. (1) $(-\infty,+\infty)$； (2) $(-\infty,+\infty)$； (3) $[0,+\infty)$；
   (4) $\left[\dfrac{5}{3},+\infty\right)$； (5) $\left(-\dfrac{1}{2},+\infty\right)$；
   (6) $(-\infty,-2)\cup(-2,-1)\cup(-1,+\infty)$；
   (7) $[-1,1)$； (8) $[-1,0)\cup(0,1]$；
   (9) $\{0\}\cup[1,+\infty)$； (10) $\left[-\dfrac{1}{2},0\right]$.
3. (1) $3h$； (2) $2ah+h^2$； (3) $-\dfrac{h}{a(a+h)}$；
   (4) $-\dfrac{h}{(a+1)(a+h+1)}$.

习题 1.3

1. (1) 单调增加； (2) 单调增加； (3) 单调减少.
2. (1) 非奇非偶函数； (2) 奇函数； (3) 偶函数；
   (4) 非奇非偶函数； (5) 非奇非偶函数； (6) 偶函数；
   (7) 奇函数； (8) 偶函数.
3. (1) $y=\sqrt[3]{x+1}$； (2) $y=\dfrac{1-x}{1+x}$； (3) $y=\ln(x+2)-1$；
   (4) $y=\dfrac{1}{\ln 3}\ln\dfrac{x}{1-x}$.
4. (1) $x^2+3x,\ x^3+3x^2+x-1,\ (-\infty,+\infty)$；
   (2) $\dfrac{3x}{(x-1)(2x+1)},\ \dfrac{1}{(x-1)(2x+1)}$,

$\left(-\infty,-\frac{1}{2}\right) \cup \left(-\frac{1}{2},1\right) \cup (1,+\infty)$;

(3) $\sqrt{x+1}+\sqrt{4-x}$, $\sqrt{4+3x-x^2}$, $[-1,4]$;

(4) $\sqrt{x^2+1}+\dfrac{1}{\sqrt{9-x^2}}$, $\sqrt{\dfrac{x^2+1}{9-x^2}}$, $(-3,3)$.

6. (1) $-4(x^2+3x+2)$;　　(2) $\sqrt{x^4+6x^2+6}$;
   (3) $\sqrt{\cos x}$;　　　　(4) $1-e^{\sin x}$;
   (5) -1.

8. $\dfrac{1}{1-x}$, x, $1-x$.

复习题 1

1. (1) $[-1,1]$;　　(2) $\{x \mid 2k\pi \leqslant x \leqslant (2k+1)\pi, k \text{ 为整数}\}$;
   (3) $(-\infty, 0]$;　(4) $[1, e]$.

2. $(1, 4)$.

3. $V = \dfrac{S\sqrt{S}}{3\sqrt{4\pi}}$.

4. $y = 2x\left(x - \dfrac{1}{2}\right)$.

5. (1) $V = Wt$;　(2) $V = \pi R^2 h\left(1 - \dfrac{h}{H} + \dfrac{h^2}{3H^2}\right)$;　(3) $h = H - \sqrt[3]{H^2\left(1 - \dfrac{3Wt}{\pi R^2}\right)}$.

6. $A(x) = \begin{cases} \dfrac{x^2}{a-b}h, & 0 \leqslant x \leqslant \dfrac{1}{2}(a-b), \\ hx - \dfrac{h}{4}(a-b), & \dfrac{1}{2}(a-b) < x \leqslant \dfrac{1}{2}(a+b), \\ \dfrac{h}{2}(a+b) - \dfrac{(a-x)^2}{a-b}h, & \dfrac{1}{2}(a+b) < x \leqslant a. \end{cases}$

7. $y = \begin{cases} 150x, & 0 < x \leqslant 100, \\ 150[100 + 0.9(x-100)], & 100 < x \leqslant 500, \\ 150[460 + 0.8(x-500)], & 500 < x \leqslant 1500. \end{cases}$

8. $Q = -6P + 160$.

9. 400.

习题 2.1

1. (1)、(4)、(6)、(8)是无穷小量;　　(2)、(7)是无穷大量;

(3)、(5)、(9)既不是无穷小量,也不是无穷大量.

2. x^2.

3. $\sqrt{x}-1, x-1, x^2-1, x^3-1$.

6. $e^x, x\sin x, x^2\cos x$.

8. $x\sin x, x, xe^x, x\cos x, \sqrt{x}$.

习题 2.2

1. (1) 38;   (2) 150;   (3) $\dfrac{2}{3}$;

 (4) $\dfrac{1}{2}$;   (5) $\sqrt{5}$;   (6) 1.

2. (1) $-\dfrac{1}{3}$;   (2) $-\dfrac{3}{2}$;   (3) 0;

 (4) $-\dfrac{3}{2}$;   (5) $-\dfrac{1}{9}$;   (6) $-\dfrac{1}{4}$;

 (7) $\dfrac{1}{4}$;   (8) 1;   (9) $\dfrac{1}{6}$;

 (10) 0.

3. (1) 左极限为 -1,右极限为 1,极限不存在.

 (2) 左极限为 $\dfrac{1}{2}$,没有右极限,没有极限.

 (3) 左、右极限与极限全为 0.

 (4) 左极限为 -1,右极限为 1,极限不存在.

4. (1) 1;   (2) 1;   (3) 2;   (4) 0;   (5) $\dfrac{2}{5}$;

 (6) $-\dfrac{1}{2}$; (7) $\dfrac{1}{2}$; (8) $\dfrac{1}{2}$; (9) 1;   (10) 1.

5. (1) 4;   (2) 9;   (3) 1;   (4) $\dfrac{1}{2}$.

6. (1) $x=-1$,第二类.   (2) $x=-1$,第二类; $x=1$,第二类.
 (3) $x=-1$,可去型, $x=1$,第二类.   (4) $x=1$,第二类.
 (5) $x=-2$,可去型.   (6) $x=0$,跳跃型(第一类).
 (7) $x=0$,可去型.   (8) $x=0$,可去型.

复习题 2

1. $1-\cos x^2, e^{x^3}-1, \sin x^2, \sin(\tan x), \arcsin\sqrt{x}, \ln(1+\sqrt[3]{x})$.

2. 提示：对函数 $f(x)=x^n-a$ 用零点存在定理.
3. 提示：对函数 $f(x)=x^{2n}+a_1x^{2n-1}+\cdots+a_{2n-1}x+a_{2n}$ 用零点存在定理.
4. 提示：对函数 $g(x)=f(x)-f(x+a)$ 在 $[0,a]$ 上用零点存在定理.
5. 提示：(1) 考虑函数 $g(x)=f(x)-f\left(x+\dfrac{1}{2}\right)$；

    (2) 考虑函数 $h(x)=f(x)-f\left(x+\dfrac{1}{n}\right)$.

习题 3.1

(1) 3；   (2) $2x$；   (3) $-\dfrac{2}{(2x+1)^2}$；

(4) $\dfrac{1}{\sqrt{2x+1}}$；   (5) $\dfrac{1}{(2x+1)^2}$；   (6) $-\dfrac{1}{3}\dfrac{1}{x\sqrt[3]{x}}$；

(7) $\cos x$；   (8) $-\sin x$.

习题 3.2

1. (1) $12x^2+6x+2$；   (2) $12x+7$；   (3) $\dfrac{4x}{(x^2+1)^2}$；

(4) $\dfrac{2-x^2}{(x^2+2)^2}$；   (5) $\dfrac{x^2+2x}{(x+1)^2}$；   (6) $\dfrac{2\left(\dfrac{1}{x^2}-1\right)}{\left(x+\dfrac{1}{x}\right)^3}$；

(7) $\dfrac{-6}{(2x+1)^4}$；   (8) $\dfrac{3}{2\sqrt{3x+1}}$；   (9) $e^x(\cos x+\sin x)$；

(10) $e^x\left(\dfrac{1}{x}+\ln x\right)$；   (11) $\dfrac{\tan x}{2\sqrt{x}}+\sqrt{x}\sec^2 x$；   (12) $x(2\ln x+1)$.

2. (1) $6\sin^2 x\cos x$；   (2) $-12x^2\cos^3 x^3\sin x^3$；

(3) $-\dfrac{1}{x^2}e^{\frac{1}{x}}$；   (4) $\dfrac{1}{2\sqrt{x}}e^{\sqrt{x}}$；

(5) $\sec^2(\sin x)\cos x$；   (6) $\sec(\sin x)\tan(\sin x)\cos x$；

(7) $\dfrac{1}{\sqrt{1+x^2}}$；   (8) $\cot x$；

(9) $\dfrac{1}{\sqrt{a^2-x^2}}$；   (10) $\dfrac{a^{\arcsin x}\ln a}{\sqrt{1-x^2}}$；

(11) $\dfrac{a}{a^2+x^2}$；   (12) $\dfrac{1}{(1+x^2)\arctan x}$.

3. (1) $-\dfrac{x^2}{y^2}$; (2) $-\sqrt{\dfrac{y}{x}}$;

(3) $-\dfrac{x\sin(x+y)+\cos x\sin y}{\sin(x+y)+\sin x\cos y}$; (4) $-\dfrac{\sin y+y\cos x}{\sin x+x\cos y}$;

(5) $-\left(\dfrac{y+1}{x+1}\right)^2$; (6) $-\dfrac{y^4}{x^4}$;

(7) $x^x(\ln x+1)$; (8) $\sin x^{\cos x}\left(\dfrac{\cos^2 x}{\sin x}-\sin x\ln(\sin x)\right)$;

(9) $t+1$; (10) $\dfrac{\cos t}{2\mathrm{e}^t}$.

4. (1) $y=12x-16$, $y=-\dfrac{1}{12}x+\dfrac{49}{6}$.

(2) $y=2x-1$ 和 $y=-2x-1$, $y=-\dfrac{1}{2}x+\dfrac{3}{2}$ 和 $y=\dfrac{1}{2}x+\dfrac{3}{2}$.

(3) $y=\mathrm{e}x$, $y=-\dfrac{1}{\mathrm{e}}x+\mathrm{e}+\dfrac{1}{\mathrm{e}}$.

(4) $y=\dfrac{1}{\mathrm{e}}x$, $y=-\mathrm{e}x+\mathrm{e}^2+1$.

(5) $y=\pi-x$, $y=x-\pi$.

(6) $y=x$, $y=-x$.

(7) $y=-x+\dfrac{\pi}{4}+\dfrac{1}{2}$, $y=x-\dfrac{\pi}{4}+\dfrac{1}{2}$.

(8) $y=\dfrac{1}{2}x+\dfrac{1}{2}$, $y=-2x+3$.

(9) $y=\dfrac{3}{4}x-\dfrac{25}{4}$, $y=-\dfrac{4}{3}x$.

(10) $y=x-2$, $y=-x$.

(11) $y=(2+\mathrm{e})x-1$, $y=-\dfrac{1}{2+\mathrm{e}}x+\mathrm{e}+1+\dfrac{1}{2+\mathrm{e}}$.

(12) $y=-x+\sqrt{2}$, $y=x$.

习题 3.3

1. (1) $4\mathrm{e}^{2x}$; (2) $2-\dfrac{1}{x^2}$;

(3) $2\cos x-x\sin x$; (4) $(x+2)\mathrm{e}^x$;

(5) $\dfrac{2}{1-x^2}$; (6) $\dfrac{2x(x^2-3)}{(1+x^2)^3}$;

(7) $-6x\sin x^2 - 4x^3\cos x^2$;　　(8) $2\arctan x + \dfrac{2x}{1+x^2}$;

(9) $y'' = -\dfrac{2(1+y'+(y')^2)}{x+2y}$, $y' = -\dfrac{2x+y}{x+2y}$;

(10) $y'' = \dfrac{2y'+(y')^2\sin y}{\cos y - x}$, $y' = \dfrac{y}{\cos y - x}$;

(11) $y'' = \dfrac{2(x-yy')^2 - 2y' + (1-(y')^2)(x^2-y^2)}{x+y(x^2-y^2)}$,

$y' = \dfrac{-y+x(x^2-y^2)}{x+y(x^2-y^2)}$;

(12) $y'' = \dfrac{2}{3x}\sqrt[3]{\dfrac{y}{x}}\left(\sqrt[3]{\dfrac{y}{x}}+1\right)$;

(13) $y'' = 4x^2 f''(x^2) + 2f'(x^2)$;

(14) $y'' = \dfrac{f(x)f''(x) - (f'(x))^2}{(f(x))^2}$.

2. $g''(f(x)) = -\dfrac{f''(x)}{(f'(x))^3}$.

3. (1) $y^{(n)} = \begin{cases} k(k-1)\cdots(k-n+1)x^{k-n}, & n \leq k, \\ 0, & n > k; \end{cases}$

(2) $y^{(n)} = \dfrac{(-1)^{n-1}(n-2)!}{x^{n-1}}$;

(3) $y^{(n)} = -2^{n-1}\cos\left(2x + \dfrac{n\pi}{2}\right)$;

(4) $y^{(n)} = \dfrac{n!}{2}\left[\dfrac{1}{(1-x)^{n+1}} + \dfrac{(-1)^n}{(1+x)^{n+1}}\right]$.

4. $f'(0) = 0$, $f''(0) = 0$.

习题 3.4

1. (1) $-\dfrac{1}{3}$;　　(2) 2;　　(3) $\cos a$;

(4) $\dfrac{m}{n}a^{m-n}$;　　(5) 3;　　(6) 0;

(7) 0;　　(8) $\dfrac{1}{3}$;　　(9) 不存在,是无穷大量;

(10) $-\dfrac{1}{2}$;　　(11) e^k;　　(12) 1;

(13) 1;　　(14) $\dfrac{1}{3}$;　　(15) e^m;

(16) e^{-6};　　　　　(17) e^{a-b};　　　　(18) e.

2. (1) 0,不能用洛必达法则;　　(2) 1,不能用洛必达法则.

3. (1) 在$(-\infty,2)$内单调减少,在$(2,+\infty)$内单调增加,$f(2)=-48$是极小值.

   (2) 单调减少区间为$(-\infty,-\sqrt{2})$和$(0,\sqrt{2})$,单调增加区间为$(-\sqrt{2},0)$和$(\sqrt{2},+\infty)$,$f(-\sqrt{2})=-4$,$f(\sqrt{2})=-4$是极小值,$f(0)=0$是极大值.

   (3) 单调增加区间为$(-\infty,-2)$和$(-2,+\infty)$,无极值.

   (4) 单调减少区间为$(-1,0)$,单调增加区间为$(0,+\infty)$,$f(0)=0$是极小值.

   (5) 单调减少区间为$\left(\dfrac{3}{4},1\right)$,单调增加区间为$\left(-\infty,\dfrac{3}{4}\right)$,$f\left(\dfrac{3}{4}\right)=\dfrac{5}{4}$是极大值.

   (6) 单调减少区间为$\left(2k\pi+\dfrac{3}{4}\pi,2k\pi+\dfrac{7}{4}\pi\right)$,单调增加区间为$\left(2k\pi-\dfrac{\pi}{4},2k\pi+\dfrac{3}{4}\pi\right)$,$f\left(2k\pi+\dfrac{3}{4}\pi\right)=\dfrac{\sqrt{2}}{2}e^{2k\pi+\frac{3}{4}\pi}$是极大值,$f\left(2k\pi+\dfrac{7}{4}\pi\right)=-\dfrac{\sqrt{2}}{2}e^{2k\pi+\frac{7}{4}\pi}$是极小值.

   (7) 单调减少区间为$(-\infty,\ln\sqrt{2})$,单调增加区间为$(\ln\sqrt{2},+\infty)$,$f(\ln\sqrt{2})=2\sqrt{2}$为极小值.

   (8) 单调增加区间为$\left(k\pi-\dfrac{\pi}{2},k\pi+\dfrac{\pi}{2}\right)$($k$为整数),无极值.

   (9) 单调减少区间为$(3,+\infty)$,单调增加区间为$(-\infty,3)$,$f(3)=\dfrac{27}{e^3}$是极大值.

   (10) 单调减少区间为$\left(2k\pi+\dfrac{\pi}{2}-\theta,2k\pi+\dfrac{3}{2}\pi-\theta\right)$,单调增加区间为$\left(2k\pi-\dfrac{\pi}{2}-\theta,2k\pi+\dfrac{\pi}{2}-\theta\right)$,其中$\sin\theta=\dfrac{2}{\sqrt{5}}$,$\cos\theta=\dfrac{1}{\sqrt{5}}$. $f\left(2k\pi-\dfrac{\pi}{2}-\theta\right)=-\sqrt{5}$是极小值,$f\left(2k\pi+\dfrac{\pi}{2}-\theta\right)=\sqrt{5}$是极大值.

4. (1) $(-\infty,0)$是上凸区间,$(0,+\infty)$是下凸区间;$x=0$是拐点.

   (2) $(-\infty,0)$是下凸区间,$(0,+\infty)$是上凸区间;$x=0$是拐点.

   (3) $(-\infty,-\sqrt{3})$和$(0,\sqrt{3})$是上凸区间,$(-\sqrt{3},0)$和$(\sqrt{3},+\infty)$是下凸区

间；$x=-\sqrt{3}, x=0, x=\sqrt{3}$ 是拐点.

(4) $(-\infty, 0)$ 是上凸区间，$(0,+\infty)$ 是下凸区间；$x=0$ 是拐点.

(5) $(-\infty,-3)$ 是上凸区间，$(-3,0)$ 和 $(0,+\infty)$ 是下凸区间；$x=-3$ 是拐点.

(6) $(-\infty,+\infty)$ 是下凸区间.

5. $a=2$，极大值为 $f\left(\dfrac{\pi}{3}\right)=\sqrt{3}$.

6. $a=-\dfrac{3}{2}, b=\dfrac{9}{2}$.

8. (1) 1；　　(2) 2；

(3) 当 $a<-2$ 时，只有 1 个实根；当 $a=-2$ 时，有 2 个不同实根；
当 $-2<a<2$ 时，有 3 个不同实根；当 $a=2$ 时，有 2 个不同实根；
当 $a>2$ 时，只有 1 个实根.

9. (1) 最小值为 4，最大值为 5；

(2) 最小值为 0，最大值为 $\dfrac{3}{4}$；

(3) 最小值为 0，最大值为 3；

(4) 最小值为 -6，最大值为 $\dfrac{2}{9}\sqrt{3}$；

(5) 没有最小值，最大值为 $\dfrac{1}{5}$；

(6) 最小值为 27，没有最大值.

复习题 3

1. $\dfrac{lv}{l-h}$.

2. 三角形的面积为 $2a^2$，斜边的端点坐标分别为 $(2x_0, 0)$ 和 $\left(0, \dfrac{2a^2}{x_0}\right)$，切点坐标为 $\left(x_0, \dfrac{a^2}{x_0}\right)$.

4. (1) -144π cm^3/h；　　(2) -228π cm^3/h.

5. $14\,400\pi$.

6. 5 cm.

7. 当上底长度为 r 时，面积最大，最大值为 $\dfrac{3\sqrt{3}}{4}r^2$.

8. $h=\dfrac{\sqrt{2}}{2}d$.

9. $f(x)=(1+x)^p-(1+x^p)$, $f'(x)>0(x>0,p>1)$, $f(x)>f(0)$.

习题 4.2

1. (1) $dy=\left(6x-\dfrac{8}{x^3}\right)dx$; (2) $dy=\left(\dfrac{1}{2\sqrt{x}}+\dfrac{1}{3x\sqrt[3]{x}}\right)dx$;

   (3) $dy=-\dfrac{2(x^2+2)}{(x^2-4)^2}dx$; (4) $dy=\dfrac{5(x^2+15)}{3\sqrt[3]{(x^2+25)^2}}dx$;

   (5) $dy=-\dfrac{\sin\sqrt{x}}{2\sqrt{x}}dx$; (6) $dy=-9\sin 3x\cos^2 3x\,dx$;

   (7) $dy=(\cos 2x-2x\sin 2x)dx$; (8) $dy=-\dfrac{x}{|x|\sqrt{1-x^2}}dx$;

   (9) $dy=4x\sec^2(1+2x^2)dx$; (10) $dy=\dfrac{2x}{1+(1+x^2)^2}dx$.

2. (1) 10.10; (2) 2.926;
   (3) 1.000; (4) 0.7318;
   (5) 0.5238; (6) 2.005.

3. 3.142 cm.

4. 25.13 cm².

5. 20.53 cm³.

6. 0.3333%.

习题 4.3

1. (1) $\dfrac{3}{2}$; (2) 0.

2. (1) $\pm\dfrac{\sqrt{3}}{3}$; (2) $-\dfrac{1}{2}$;

   (3) $\dfrac{35}{27}$; (4) $\sqrt{2}$.

3. (1) $f(x)=5+4(x-1)+6(x-1)^2+4(x-1)^3+(x-1)^4$;

   (2) $f(x)=1-3x+x^2$;

   (3) $f(x)=\displaystyle\sum_{k=0}^{n}(-1)^k(x-1)^k+o((x-1)^n)$;

(4) $f(x) = \sum_{k=0}^{n-1} \dfrac{1}{k!} x^{k+1} + o(x^n)$.

4. 提示：利用连续函数的零点存在定理证明存在性,利用单调性证明惟一性.

5. 提示：利用拉格朗日中值定理.

习题 4.4

1. (1) $f(x) = 2x^2 + 2$; (2) $f(x) = \dfrac{4}{3} x \sqrt{x} + 1$;

   (3) $f(x) = 4\sqrt{x} + 3$; (4) $f(x) = 2 - \dfrac{1}{x}$;

   (5) $f(x) = \ln(1+x)$; (6) $f(x) = \dfrac{1}{2} e^{2x} + \dfrac{1}{2}$.

2. (1) $x^3 + x^2 + x + C$; (2) $\dfrac{2}{5} x^2 \sqrt{x} + C$;

   (3) $2\sqrt{x} + C$; (4) $-\dfrac{1}{x} + C$;

   (5) $\dfrac{3}{5} x \sqrt[3]{x^2} - \dfrac{4}{\sqrt[4]{x}} + C$; (6) $\dfrac{2}{5} x^2 \sqrt{x} - 2\sqrt{x} + C$;

   (7) $-\dfrac{1}{2(x+1)^2} + C$; (8) $-\dfrac{1}{6(2x+1)^3} + C$;

   (9) $\dfrac{2^x e^x}{1 + \ln 2} + C$; (10) $2x - \dfrac{5}{\ln 2 - \ln 3} \dfrac{2^x}{3^x} + C$;

   (11) $\sec x + \tan x - x + C$; (12) $\dfrac{1}{2}(x - \sin x) + C$;

   (13) $\sin x + \cos x + C$; (14) $-\cot x - \tan x + C$.

3. $t \approx 6.389$ s, $v \approx 62.61$ m/s.

4. $v \approx 22.14$ m/s.

5. $a \approx 0.789$ m/s^2.

6. (1) $\dfrac{1}{2} \ln|2x+1| + C$; (2) $\dfrac{1}{3} e^{3x} + C$;

   (3) $-\sqrt{1-2x} + C$; (4) $-\dfrac{1}{2} \cos 2x + C$;

   (5) $\dfrac{1}{3} \ln^3 x + C$; (6) $-e^{\frac{1}{x}} + C$;

   (7) $\dfrac{1}{3} e^{x^3} + C$; (8) $\dfrac{1}{2} e^{x^2} + C$;

   (9) $2\sin\sqrt{x} + C$; (10) $2\arctan\sqrt{x} + C$;

(11) $\sqrt{1+x^2}+C$;

(12) $\frac{1}{2}\ln(x^2+x+1)-\frac{\sqrt{3}}{3}\arctan\frac{2x+1}{\sqrt{3}}+C$;

(13) $\arctan e^x+C$;　　　　(14) $\tan e^x+C$;

(15) $\frac{1}{2}x+\frac{1}{4}\sin 2x+C$;　　(16) $\sec x+C$;

(17) $\frac{1}{2}(x^2-\ln(x^2+1))+C$;　(18) $\frac{1}{\ln 2}2^{\arcsin x}+C$;

(19) $\frac{1}{2}[\ln(\arctan x)]^2+C$;　　(20) $-\frac{1}{x\ln x}+C$;

(21) $\ln|x+1|+\frac{2}{x+1}-\frac{1}{2(x+1)^2}+C$;　(22) $\frac{1}{6}\ln\frac{x^6}{x^6+1}+C$.

7. (1) $2e^{\sqrt{x}}+C$;　　　　(2) $-3\cos\sqrt[3]{x}+C$;

(3) $\frac{\sqrt{2}}{2}\ln|1+\sqrt{2}x|+C$;　(4) $2(\sqrt{e^x-1}-\arctan\sqrt{e^x-1})+C$;

(5) $\arcsin x-\frac{x}{1+\sqrt{1-x^2}}+C$;　(6) $\ln\frac{|x|}{1+\sqrt{1+x^2}}+C$;

(7) $\arccos\frac{1}{x}+C$;　　(8) $\frac{1}{2}(\arcsin x-x\sqrt{1-x^2})+C$.

8. (1) xe^x+C;

(2) $-x^2\cos x+2x\sin x+2\cos x+C$;

(3) $3(\sqrt[3]{x^2}\sin\sqrt[3]{x}+2\sqrt[3]{x}\cos\sqrt[3]{x}-2\sin\sqrt[3]{x})+C$;

(4) $2(\sqrt{x+1}-1)e^{\sqrt{x+1}}+C$;

(5) $x\left(\frac{1}{2}x+1\right)\ln x-x\left(\frac{1}{4}x+1\right)+C$;

(6) $x\ln^2 x-2x\ln x+2x+C$;

(7) $x\arctan x-\frac{1}{2}\ln(x^2+1)+C$;

(8) $e^x\arctan e^x-\frac{1}{2}\ln(1+e^{2x})+C$;

(9) $\frac{1}{2}x^2\arcsin x-\frac{1}{4}\arcsin x+\frac{1}{4}x\sqrt{1-x^2}+C$;

(10) $\frac{1}{8}\sin 2x-\frac{1}{4}x\cos 2x+C$;

(11) $x(\arcsin x)^2+2\sqrt{1-x^2}\arcsin x-2x+C$;

(12) $\frac{1}{2}x^2\ln^3 x - \frac{3}{4}x^2\ln^2 x + \frac{3}{4}x^2\ln x - \frac{3}{8}x^2 + C$;

(13) $\frac{e^x}{10}(5-\cos 2x - 2\sin 2x) + C$;

(14) $\frac{x}{2}(\sin(\ln x) + \cos(\ln x)) + C$;

(15) $\frac{1}{2}(\sec x\tan x + \ln|\sec x + \tan x|) + C$;

(16) $\arcsin\frac{x}{\sqrt{2}} + \frac{1}{2}x\sqrt{2-x^2} + C$.

复习题 4

1. 提示：考虑函数 $f(x)=\sqrt[n]{x}, x_0=a^n, \Delta x=x$.
   (1) 3.074；   (2) 1.995.

2. 提示：利用罗尔定理.

3. 提示：对 $F(x)=f(x)-P_n(x)$ 利用罗尔定理.

4. 提示：记 $|f(x_0)|=M$，在 $[0,x_0]$ 或 $[x_0,1]$ 上对 $f(x)$ 用拉格朗日中值定理.

5. 提示：利用泰勒公式. $f(x)-f(x_0)=\frac{1}{(n+1)!}f^{(n+1)}(\xi)(x-x_0)^{n+1}, \xi$ 介于 x 与 x_0 之间.

6. (1) $\arctan x \cdot \arctan\frac{1}{x} + \frac{1}{2}(\arctan x)^2 + C$;

   (2) $x\arcsin\sqrt{\frac{x}{1+x}} - \sqrt{x} + \arctan\sqrt{x} + C$;

   (3) $\frac{x}{1+e^{-x}} - \ln(1+e^x) + C$;

   (4) $\ln\left|\frac{xe^x}{1+xe^x}\right| + C$.

习题 5.2

1. (1) 2；   (2) $e-1$；   (3) 4；   (4) $\frac{28}{3}$；

   (5) 2；   (6) $\frac{5}{3}$；   (7) $\frac{1}{2}(e^2-1)$；   (8) $\frac{1}{4}(e^2+1)$；

   (9) 0；   (10) $\frac{1}{2}$.

2. (1) $\dfrac{1}{2}$；　　(2) $\dfrac{1}{4}\pi a^2$；　　(3) $\dfrac{1}{2}\pi ab$；　　(4) 2π.

3. (1) $\int_0^{\frac{\pi}{4}} \cos x\,\mathrm{d}x > \int_0^{\frac{\pi}{4}} \sin x\,\mathrm{d}x$；　　(2) $\int_0^1 \sqrt{1+x^2}\,\mathrm{d}x < \int_0^1 \sqrt{1+x}\,\mathrm{d}x$；

(3) $\int_0^1 \dfrac{1}{1+\sqrt{x}}\,\mathrm{d}x < \int_0^1 \dfrac{1}{1+x^2}\,\mathrm{d}x$；　　(4) $\int_1^2 \mathrm{e}^x\,\mathrm{d}x < \int_1^2 \mathrm{e}^{x^2}\,\mathrm{d}x$；

(5) $\int_0^1 x\,\mathrm{d}x > \int_0^1 \ln(1+x)\,\mathrm{d}x$；　　(6) $\int_0^1 \dfrac{x}{1+x}\,\mathrm{d}x > \int_0^1 \ln(1+x)\,\mathrm{d}x$.

习题 5.3

1. (1) 1；　　(2) 2；　　(3) 4；　　(4) $2-\dfrac{1}{\mathrm{e}}$.

2. (1) $\dfrac{\mathrm{d}y}{\mathrm{d}x}=\mathrm{e}^{x^2}$；　　(2) $\dfrac{\mathrm{d}y}{\mathrm{d}x}=2x\mathrm{e}^{x^2}$；　　(3) $\dfrac{\mathrm{d}y}{\mathrm{d}x}=\dfrac{1}{\sqrt{1+x^2}}-\dfrac{2x}{\sqrt{1+x^4}}$；

(4) $\dfrac{\mathrm{d}y}{\mathrm{d}x}=-\sin x\cos(\cos x)^2-\cos x\cos(\sin x)^2$.

3. 提示：

(1) 令 $x=\dfrac{\pi}{2}-t$；　　(2) 令 $x=1-t$；

(3) 利用 $\int_0^\pi f(x)\,\mathrm{d}x = \int_0^{\frac{\pi}{2}} f(x)\,\mathrm{d}x + \int_{\frac{\pi}{2}}^\pi f(x)\,\mathrm{d}x$，对 $\int_{\frac{\pi}{2}}^\pi f(x)\,\mathrm{d}x$ 令 $x=\pi-t$.

(4) 令 $x=\dfrac{1}{t}$.

4. 提示：证明 $\int_a^{a+T} f(x)\,\mathrm{d}x = \int_0^T f(x)\,\mathrm{d}x$.

5. $2n$.

6. 偶函数.

7. $\dfrac{200}{3}$.

8. 速度为 aT，平均速度为 $\dfrac{1}{2}aT$.

习题 5.4

1. (1) $\dfrac{256}{3}$；　　(2) 24；　　(3) $\dfrac{64}{3}$；

(4) 36；　　(5) $\dfrac{1}{2}\mathrm{e}-1$；　　(6) 1；

(7) πa^2；　　　　　(8) π.

2. (1) $1+\dfrac{1}{2}\ln\dfrac{3}{2}$；　(2) $2\pi R$；　(3) $6a$；　(4) $8a$.

3. $k=|\sin x_0|$.

4. (1) $x_0=-\dfrac{1}{2}\ln 2$；　(2) $x_0=1$.

5. 体积 $V=\dfrac{\pi}{6}$，表面积 $S=\dfrac{\pi}{6}(11\sqrt{5}-1)$.

6. $V=\dfrac{4}{3}\pi ab^2$.

7. $W=9$.

8. $W=1250\ \text{kg}\cdot\text{m}$.

9. $W=\dfrac{5}{12}\pi R^4$.

10. $W=18k\sqrt[3]{\dfrac{100}{c^2}}$.

11. $F=21\ \text{t}$.

12. $F=1.044\times 10^6\ \text{t}$.

13. $W=2.5789\times 10^{11}\ \text{kg}\cdot\text{m}$.

复习题 5

1. 提示：利用 $|a\sin x+b\cos x|\leqslant\sqrt{a^2+b^2}$.

2. 提示：利用反证法.

3. 提示：利用 $\displaystyle\int_n^{n+p}\dfrac{\sin x}{x}\mathrm{d}x=p\dfrac{\sin\xi}{\xi}$，$\xi$ 介于 n 与 $n+p$ 之间.

4. -1.

5. $A+1-\mathrm{e}$.

6. 提示：利用分部积分公式.

7. 提示：对 $\displaystyle\int_q^1 f(x)\mathrm{d}x$ 作换元 $x=(1-q)t+q$，注意到 $x\geqslant t$ 及 f 的单调性便可.

   注：本题可有多种解法，如当 $q\neq 1$ 时，可令 $F(q)=\dfrac{\displaystyle\int_q^1 f(x)\mathrm{d}x}{1-q}-\displaystyle\int_0^1 f(x)\mathrm{d}x$.

8. $V = \dfrac{4}{3}\pi abc$.

9. 提示：利用 $[f(x) + \lambda g(x)]^2 \geqslant 0$ 得 $\int_a^b f^2(x)\mathrm{d}x + 2\lambda\int_a^b f(x)g(x)\mathrm{d}x + \lambda^2\int_a^b g^2(x)\mathrm{d}x \geqslant 0$，由判别式 $\Delta \leqslant 0$ 便得.

10. 提示：利用 $f(x) = f\left(\dfrac{a+b}{2}\right) + f'\left(\dfrac{a+b}{2}\right)\left(x - \dfrac{a+b}{2}\right) + \dfrac{1}{2}f''(\xi)\left(x - \dfrac{a+b}{2}\right)^2$，$\xi$ 介于 x 与 $\dfrac{a+b}{2}$ 之间.

11. 78.5 (km/h).

12. 8 年，1840 万元.

习题 6.1

1. A 第 1 卦限，B 第 2 卦限，C 第 4 卦限，D 第 3 卦限，E 第 8 卦限，F 第 7 卦限.

2. 坐标面上的点至少有一个坐标为零，坐标轴上的点至少有两个坐标为零.

3. A 关于 xOy 平面、yOz 平面、xOz 平面的对称点分别为 $(1,2,-1), (-1,2,1), (1,-2,1)$；$A$ 关于 x 轴，y 轴，z 轴的对称点分别为 $(1,-2,-1), (-1,2,-1), (-1,-2,1)$.

   B 关于 xOy 平面、yOz 平面、xOz 平面的对称点分别为 $(2,-1,-2), (-2,-1,2), (2,1,2)$；$B$ 关于 x 轴，y 轴，z 轴的对称点分别为 $(2,1,-2), (-2,-1,-2), (-2,1,2)$.

   C 关于 xOy 平面、yOz 平面、xOz 平面的对称点分别为 $(-1,2,1), (1,2,-1), (-1,-2,-1)$；$C$ 关于 x 轴，y 轴，z 轴的对称点分别为 $(-1,-2,1), (1,2,1), (1,-2,-1)$.

习题 6.2

1. (1) 6； (2) 5； (3) $\sqrt{26}$； (4) $2\sqrt{14}$.

2. $1, \sqrt{5}, \sqrt{14}$.

3. $AB = BC = AC = \sqrt{14}$.

4. 设长度为 a 的边平行于 x 轴. $\left(\dfrac{a}{2}, \dfrac{b}{2}, 0\right), \left(-\dfrac{a}{2}, \dfrac{b}{2}, 0\right), \left(\dfrac{a}{2}, -\dfrac{b}{2}, 0\right), \left(-\dfrac{a}{2}, -\dfrac{b}{2}, 0\right), \left(\dfrac{a}{2}, \dfrac{b}{2}, c\right), \left(-\dfrac{a}{2}, \dfrac{b}{2}, c\right), \left(\dfrac{a}{2}, -\dfrac{b}{2}, c\right), \left(-\dfrac{a}{2}, -\dfrac{b}{2}, c\right)$.

5. (1) $|\overrightarrow{P_1P_2}| = \sqrt{22}$, $\cos\alpha = \dfrac{3}{\sqrt{22}}$, $\cos\beta = \dfrac{3}{\sqrt{22}}$, $\cos\gamma = \dfrac{2}{\sqrt{22}}$.

   (2) $|\overrightarrow{P_1P_2}| = 3\sqrt{6}$, $\cos\alpha = -\dfrac{1}{3\sqrt{6}}$, $\cos\beta = -\dfrac{2}{3\sqrt{6}}$, $\cos\gamma = \dfrac{7}{3\sqrt{6}}$.

6. $\cos\alpha = \dfrac{4\sqrt{2}}{3\sqrt{5}}$, $\cos\beta = -\dfrac{\sqrt{5}}{3\sqrt{2}}$, $\cos\gamma = \dfrac{1}{3\sqrt{10}}$.

习题 6.3

1. $u + 2v = 3a - b - 3c$.

2. 提示：以对角线的交点为起点，四边形的 4 个顶点为终点得到 4 个向量 a，b,c,d. 有这 4 个向量的和或差表示四边形的 4 条边便可.

3. (1) $|a| = \sqrt{21}$, $\cos\alpha = \dfrac{4}{\sqrt{21}}$, $\cos\beta = \dfrac{1}{\sqrt{21}}$, $\cos\gamma = \dfrac{2}{\sqrt{21}}$.

   (2) $|b| = \sqrt{62}$, $\cos\alpha = \dfrac{-2}{\sqrt{62}}$, $\cos\beta = \dfrac{-3}{\sqrt{62}}$, $\cos\gamma = \dfrac{7}{\sqrt{62}}$.

   (3) $|c| = 3$, $\cos\alpha = \dfrac{2}{3}$, $\cos\beta = -\dfrac{1}{3}$, $\cos\gamma = -\dfrac{2}{3}$.

   (4) $|d| = 3$, $\cos\alpha = \dfrac{1}{3}$, $\cos\beta = -\dfrac{2}{3}$, $\cos\gamma = \dfrac{2}{3}$.

4. (1) $\dfrac{a}{|a|} = -\dfrac{4}{\sqrt{29}}i + \dfrac{3}{\sqrt{29}}j - \dfrac{2}{\sqrt{29}}k$.

   (2) $\dfrac{b}{|b|} = \dfrac{2}{\sqrt{38}}i + \dfrac{3}{\sqrt{38}}j - \dfrac{5}{\sqrt{38}}k$.

5. $j - 2k$.

6. (1) $\arccos \dfrac{9}{\sqrt{870}}$;   (2) $\arccos \dfrac{11}{\sqrt{129}}$.

7. 提示：证明 $\overrightarrow{AB} \cdot \overrightarrow{BC} = 0$ 或证明 $|\overrightarrow{AB}|^2 + |\overrightarrow{BC}|^2 = |\overrightarrow{AC}|^2$.

8. (1) $\dfrac{2}{\sqrt{6}}$;   (2) $-\dfrac{1}{\sqrt{10}}$.

9. $\alpha = -\dfrac{10}{3}$.

10. $-\dfrac{3}{2}$.

11. 提示：证明圆周角的两边得到的向量内积为零.

12. $a = (1,2,0)$, $b = (2,-1,2)$.

13. $\dfrac{3}{2}\sqrt{3}$.

14. 4.

15. (1) $-\boldsymbol{i}-2\boldsymbol{j}+9\boldsymbol{k}$;   (2) $3\boldsymbol{i}-3\boldsymbol{j}$;
 (3) 9;   (4) $-2\boldsymbol{i}+\boldsymbol{j}+3\boldsymbol{k}$.

习题 6.4

1. (1) $x-2y+z+2=0$;   (2) $x-3y-2z=0$;
 (3) $2x+4y-z+9=0$;   (4) $z+1=0$.

2. $\arccos\dfrac{1}{\sqrt{1102}}$.

3. $\sqrt{11}$.

4. (1) $x-1=\dfrac{y+2}{2}=\dfrac{z-3}{-1}$;   (2) $x-4=\dfrac{y}{-5}=\dfrac{z-6}{2}$;
 (3) $\dfrac{x-4}{2}=y-1=\dfrac{z-2}{5}$;   (4) $x-1=\dfrac{y-1}{4}=\dfrac{z}{5}$.

5. $\begin{cases} x=-8+2t, \\ y=5+3t, \\ z=1-t. \end{cases}$

6. $\dfrac{x-2}{-2}=\dfrac{y-3}{-4}=\dfrac{z-1}{2}$.

7. $\dfrac{5}{\sqrt{1002}}$.

8. 提示：证明两直线方向向量的对应分量成比例.

习题 6.5

1. (1) 以 x 轴为对称轴的圆柱面；
 (2) 平行于 y 轴的平面；
 (3) 母线平行于 x 轴的柱面；
 (4) 母线平行于 z 轴,对称轴过 $(4,-2,0)$ 的圆柱面；
 (5) 中心在原点的椭球面；
 (6) 对称轴为 y 轴的单叶双曲面；
 (7) 顶点在原点,对称轴为 y 轴的圆锥面；
 (8) 顶点在原点,开口朝上,对称轴为 z 轴的旋轴抛物面.

2. (1) 平面 $y=4$ 上圆心在 $(0,4,0)$,半径为 3 的圆周;
   (2) 平面 $z=4$ 上中心在 $(0,0,4)$ 的一个椭圆;
   (3) 平面 $x=4$ 上的一条抛物线;
   (4) 平面 $x=-1$ 上的一条双曲线.

3. $\pi ab\left(1-\dfrac{h^2}{c^2}\right)$.

4. (1) $z=x^2+y^2$;   (2) $y=2(x^2+z^2)$;
   (3) $z=3\sqrt{x^2+y^2}$;   (4) $3(x^2+z^2)+2y^2=6$;
   (5) $2x^2-3(y^2+z^2)=12$.

复习题 6

1. (1) 提示：利用向量长度的定义与内积的线性运算性质；
   (2) 提示：利用叉积和内积的定义及同角三角关系式.

2. 由 $a+b+c=0 \Rightarrow a\times b+a\times c=0$, $b\times a+b\times c=0$,
   $c\times a+c\times b=0 \Rightarrow a\times b=b\times c=c\times a$.

3. 提示：证明 $(a-d)\times(b-c)=0$.

4. $\dfrac{135}{4}$.

5. 3.

6. 共面；$(0,-3,0)$.

7.
   (1) 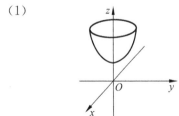   (2)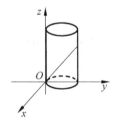

8, 9, 10. 提示：利用内积定义.